ヤマケイ文庫

紀州犬 熊五郎物語

Kaizaki Kei 甲斐崎 圭

Yamakei Library

紀州犬　熊五郎物語　目次

本文写真／中川正裕・甲斐崎　圭

紀州三名犬の血を持つ熊五郎

プロローグ

十一月一日の狩猟解禁日から数日経《た》ったある日。私は北海道・羅臼《らうす》に住む中川正裕の運転する四輪駆動車で、羅臼の山の林道を走っていた。

車に揺られながら、きょうは紀州犬・熊五郎が猟をする姿をこの目で見ることができるかもしれない、との期待が膨《ふく》らんでいた。

日本最北東端の町、羅臼にしては例年になく遅い冬の到来だったが、しかし、町を見おろすようにして聳《そび》える知床《しれとこ》連峰はすでに冠雪《かんせつ》し、美しい山容を見せていた。

冬枯れた山の景色に見とれていたとき、ふと車中に緊張が走り、正裕が静かに車を停めた。後部の座席に乗った熊五郎も、ピンと耳を立てて神経を集中させるように前方を瞶《みつめ》ている。

五十メートルほど前方の道路脇の藪《やぶ》に、エゾシカらしい影が動いていた。エゾシカとしてはそれほど大きくなく、中型の雄のようだった。

「いるんだけど、ちょっと角度が悪いナ、尻しか見えない……」

正裕が、困ったナ、といった口ぶりで呟《つぶや》いた。が、正裕は決断を下したように銃を構えると同時に後部のドアを開けた。

疾風矢の如し……。間髪入れず熊五郎は車を飛び出し、鋭い直線の軌跡を引くように、エゾシカにむかっていった。銃を撃《う》つ間もないほどの迅《はや》さだった。

熊五郎は、「勝負！」というようにひと声鋭く吠えたあと、エゾシカの尻に飛びかかった。熊五郎が闘いを挑んだ雄のエゾシカは、中型とはいえ熊五郎の数倍の大きさがあり、立派な角も生えていた。

エゾシカはその角を凶器でも扱うようにして熊五郎を攻撃した。熊五郎は雄ジカがふりおろしてくる角を巧みに躱《かわ》しながら、闘魂をむき出しにし、凄まじい闘いに挑んでいった。

しかし……。闘いはあっけないほどの幕切れで決着した。

「ヨシ、決まった。獲《と》った！」

正裕が呟いた。

「もう……ですか？」

私が信じられないような口ぶりでいうと、正裕は確信をみせて頷《うなず》き、車を出て熊五郎とエゾシカの闘いの場へ急いだ。私もあわててあとを追うと、熊五郎はエゾシカの急所であるノドのあたりに正確に嚙《か》みつき、勝負がついているのはひと目でわかった。

「凄い……！」

私は見とれ、呟いた。

「何も……銃はいらなかったナ」

正裕が苦笑した。

「ヨシ、もういいぞ、クマ！」

正裕がそういって熊五郎の首輪を持つと、熊五郎はこれが最後の留《とど》めだ、とでもいうようにもう一度力を込めてシカを噛みなおし、そして放した。

未練もなければ執着もない。そんな鮮かな離れ方だった。私は熊五郎の仕種を見ていて熊五郎は自分が勝利したのを確信したのだと思った。

「引き離すときに、抵抗しないんですネ」

自分が獲った獲物から離されるのを嫌がり、抵抗する猟犬もいるという話を思い出し、私は正裕に問うてみた。正裕は、何だ、そんなことか、という表情を見せ、

「熊五郎《こいつ》は嫌がらないんだ。他の犬が横取りしに来れば怒るんだけど、人間にいわれたら温和《おとな》しく放すんだ」

ヒグマを獲ったときでも同じだヨ、というのだった。

車のバンパーに繋がれた熊五郎は、ついさきほどまでの凄絶な闘いなどなかったか

のような静かな表情を泛《うか》べ、凛然《りんぜん》とした風情を漂わせて座っていた。

私が熊五郎と初めて会ったのは一九九九年八月の終わり、羅臼にカラフトマスを釣りに行ったときのことだった。

正裕が経営する「らうす第一ホテル」の事務所をのぞくと、レザー張りの事務所のソファに、赤茶色の毛色をした一頭の犬が寐《ね》そべっていた。その犬を見た瞬間、私は心の中に何やらわけのわからない想いが湧いてくるのを覚えていた。

遠い記憶。

懐かしい友にでも巡り会ったときのような、そんな感覚だった。

「この犬ですか、熊五郎は……」

正裕が熊五郎という犬を飼いはじめた話はすでに聞いていたので、すぐにわかった。

「紀州犬なんだ。純粋種で、シカはうまく押えるし、羆《くま》にもかけられそうでネ」

正裕がいった。

「ホウ、それは……」

いいかけ、私が熊五郎を見てなぜ懐しさに似た気持を抱いたのか、その理由がわかったような気がした。

私が中学生のころだから、もうずいぶん以前のことになるが、私は一頭の犬を飼っていたことがある。雑種ではあったが紀州犬の血が入った犬だった。

毛色は熊五郎と似た赤茶系であったが、体軀《たいく》は熊五郎よりひと回り小柄だったと思う。生後一ヶ月余りで私の家に引き取られてきたのだが、むやみに吠えることはなく、性格は温和だった。

ジョンという名だったが、私はときどき「マンジロウ」と呼んだりしていた。山に散歩に連れていくとどういうわけか二、三日帰ってこないことがあり、それを漂流民のジョン万次郎とひっかけていたのである。

当時、私は大阪の郊外に住んでいたのだが、そのころは大阪といっても郊外にはまだ自然が多く残っていて、近所の山に犬を散歩につれていくのは私の日課になっていた。

家では温和しくしていた犬も、山に連れ出すと水を得た魚の如く走り回り、野鳥を追ったり、野ネズミや野ウサギを摑《つか》まえてきたりするのだった。

それは犬の本能というより、本来は猟犬として生まれた紀州犬としての血だったのではないか、と思う。家の番犬として飼っていた犬ではあったが、それでも雑種の血の中にわずかにある、本来は猟犬としての紀州犬のＤＮＡが、山に入ることで目醒《めざ》め、騒ぎ出したのではないか、と……。

熊五郎を見てふと懐かしさを感じたのは、そんな遠い記憶と重なり合うところがあったのかもしれない。

ところで、人と犬とのつきあいは古く、世界的にはメソポタミア文明の時代に、日本では縄文時代にまで溯《さかのぼ》るといわれている。

日本の犬は発掘された遺跡から犬の骨などが出土しているから、原始の時代の人たちも犬を飼っていたものと考えられている。この犬こそ原始の日本犬といえるわけだが、私たちの祖先も犬が優れた狩猟能力を持っていることを知っていて、狩りのときに連れ歩いていたのかもしれない。

嗅覚、聴覚、第六感など、犬は人間が及ばない優れた能力を持っている。今日では愛玩犬《ペット》として飼われている犬が大半だと思われるが、長い歴史の中で人は犬の能力を活用してさまざまな分野で役立つ犬を作り出してきた。盲導犬、警察犬、牧羊犬、遭難救助犬、それに今では災害救助犬や麻薬摘発犬、介護犬などといった犬も活躍している。

こういう犬たちは時代の要請もあって、犬が本来持っている能力を応用して生まれてきた犬たちである。

しかし、猟犬の持つ猟能力は人間がその能力を開発したというより、犬属の長い歴史の中で培《つちか》われてきた本能といってもいいのではないだろうか。

人が猟に使うから猟犬なのであり、野生のままの犬であればそれは自分が生きていくために必要不可欠の能力である。そして本能だからこそその能力は猟の場で存分に発揮されることになる。

しかし、時代が移り、地球上から猟をしなければならないような自然や環境が激減し、人間の暮らしも都会化してくるにしたがって犬が本能として持っている狩猟能力を発揮できるフィールドや機会も少なくなってきている。

そうした本来の猟犬としての能力や風格を備えた犬が少なくなってくるのも当然のことかもしれない。猟ができない猟犬、あるいは猟をしなくなった猟犬は観賞犬、愛玩犬としての道を生きるしかないのだろうか……。

しかし、紀州犬である熊五郎が生きてゆくことになったのは今なお原始のままの自然が色濃く残り、野生動物による住民への被害などから猟がレジャーとしてではなく不可欠の行為として残る最果ての地、羅臼だった。紀州の名猟犬の血が流れる熊五郎が、名ハンターでもある正裕と出会ったのも宿命的なものだったのだろうか。

紀州犬は「一銃一狗《いちじゅういっく》」といってハンター一人が一頭の犬を使って猟をすることのできる犬だといわれている。大型獣と対峙《たいじ》しても一対一で対決できる猟犬なのである。しかし、熊五郎の相手は猪ではなかった。もちろん単に愛玩犬として正裕のもとへ来たわけでもない。熊五郎の相手は体重百キロを超えるエゾシカや日本の地上野生動物では最大最強といわれるヒグマであった。

といっても、正裕が最初から熊五郎を羆犬《くまいぬ》として育てるために訓練をしたのではない。ある日突然といってもいいようなかっこうで猟能の片鱗《へんりん》を見せたのである。それ以来、実猟の経験を重ねることで何度かの危機をくぐり抜けながら、自らの猟法を体得し、脈々と流れ続ける名猟犬の血の中に眠っていた猟能力を目醒めさせてきたのだった。

最果ての地、羅臼で生きることになった一頭の天才的猟犬、熊五郎。私はその比類なき紀州犬の姿を追ってみたいと思っていた。

オホーツク海
日本海
太平洋
斜里岳
石狩岳
羊蹄山
幌尻岳
知床岬
知床岳
1254
相泊
セセキ
温泉
カムイワッカの滝
硫黄山
1562
オ ホ ー ツ ク 海
ウトロ
岩尾別温泉
1661
羅臼岳
334
羅臼湖
羅臼温泉
羅臼町
遠音別岳
1330
334
斜里町
海別岳
1419
薫別岳
699
根
室
海
峡
国
後
島
斜里岳
1547
244
335
標津町
1061
標津岳
N
0
10km
根室中標津空港
中標津町
272

第一章　紀州犬伝説

狼の血

知床に、冬が訪れようとしていた。

しかし、私は知床の冬の景色を見ようと思って足を運んだわけではなかった。私が住んでいる神奈川県の藤沢ではまだ秋の色が濃かったある日、

「カイザキさん、このあいだ熊五郎がまた羆《くま》を獲ったヨ。二百キロぐらいの中羆だったんだけどネ……」

日本最北東端の地、羅臼に住む中川正裕からそんな電話があり、熊五郎に再会したいと思ったのである。

熊五郎はもともと猪猟に使われるという紀州犬だが、最果ての地に住み、五十頭以上もの羆《ヒグマ》と闘ってきている犬である。

私が訪ねたとき、熊五郎は正裕が経営する「らうす第一ホテル」の事務所にあるレザー張りのソファの上で、あいかわらずの姿で寐そべっていた。顎《あご》を肘掛けの上にち

事務所のソファは昼寝の指定席

ょこんと乗せ、心地よさそうに目を閉じて眠っていた。何ともユーモラスな寐姿だった。

「ヒグマを獲るほどの力量持ちが、何ともだらしない姿だなァ……」

いいながらそばに寄ると、熊五郎は、

「ム……ナンダ？」

というように少しばかり頭を擡《もた》げた。そして顔を近づけると目を細め、いきなり私の顔中をペロペロと舐めてきた。

「あいかわらず愛想がいいなァ、熊五郎は」

私は苦笑しながらいった。

普通、小型の愛玩犬などならともかく、中型犬や大型犬になると噛みつかれるのではないか、とか、吠えられるのではないかといった独特の威圧感、恐怖感を感じさせるものだが、熊五郎にはそうした強迫の雰囲気がなかった。恐怖感どころか、愛想のいい犬、人懐《ひとなつ》こい犬といった雰囲気のほうが強いのだ。

しかし、猟にむかうときの熊五郎は里にいるときとはあきらかにちがった。

全身に闘志が漲《みなぎ》り、一寸の隙も見せないほどの気配を漂わせるのだった。

「おい、熊五郎……」

声をかけてもチラリと目を向けることもなく、目を宙に向けたまま一心に何かを考えているような表情をしているのである。その姿は熊五郎が自分の意志でモノを考え、行動しているのではないかとも思えるものだった。

猟に集中しているのにはまちがいなかったが、熊五郎の集中力は一瞬も緩《ゆる》むことがなく、猟が完全に終わるか、山をおりて家に帰り着くまで止《や》むことはなかった。恐ろしいほどの集中力だった。

少しでも獲物の気配をとると眼光にはさらに鋭い光が加わり、完璧なまでに獲物を狩る目になるのだった。追跡や探索ではなく、狩りをする目だった。

威厳をたたえた狩りをする目。それはまるで狼が狩りをするときの模様を髣髴《ほうふつ》とさせるようだった。熊五郎が狼であるなら、さしずめその姿態には「王者の風格」が漂っていた。

ところで、日本犬と人とのつきあいは縄文時代に始まるといわれているが、縄文時代の人びとは犬とどんなつきあい方をしていたのだろうか。

犬は本能としての狩猟能力を持っている動物である。その能力はかつて野生であった時代に、犬たちが食料を確保して生きていくために欠かせないものであった。そんな犬の能力は木の実を採集したり獣を獲ったりして暮らしている縄文の人びとにとって、狩りをするうえで魅力あるものだったにちがいない。

縄文時代の人びとが猟犬として犬を飼っていたのか、野生の犬たちとの共存という形をとっていたのかはわからないが、その初めは野生との共存であったのではないだろうか。

しかし、いずれにしても優れた狩猟能力を持つ犬は狩猟採集で生きる縄文の人びとが、食料を確保していくうえで大きな力になっていただろうということは十分に推察できる。つまり縄文犬は番犬として人に飼われていたのではなく、食料を確保するための重要な道具、武器といったようなものではなかったのだろうか。

そして時代が縄文から弥生へと移行すると人びとの暮らしにも変化が出てくる。自然のもの、野生のものを狩猟採集するだけでなく、土地を耕して農耕で定住する人びとが出てくる。弥生人の出現である。

弥生人は渡来してきた民族であったともいわれるが、彼らは青銅器などの道具を使う人びとであった。そんな弥生人の中に、犬を連れてきた人びとがいたとしても不思議ではない。

狩猟採集ではなく、農耕で暮らす弥生人の犬は縄文人が狩猟の道具としてつきあっていた犬とはちがって番犬として飼っている犬であった。弥生人たちは自分たちが耕し育てた農作物を外敵から守る「番犬」として犬を飼っていたのではないだろうか。

ただ、外敵とはいっても農耕地への不法侵入者や盗賊などの対人防御というより、野生の獣や鳥たちがその相手で、農耕地に侵入して荒らす獣や鳥を追い払う役割だったと思われる。しかし、人に飼われる番犬だとはいえ本能である狩猟能力なしに獣や鳥と闘うことはできなかった。

犬が人に飼われるようになっても本能としての狩猟能力を喪失しなかったのはこんな背景があったのではないかと思う。

時代が進み、渡来してきた弥生人たちが縄文人のテリトリーに進出してくると、当然のことながら縄文人と出会い、接触して影響しあう機会もあったはずである。平和的な出会い、友好的な出会い、あるいは摩擦がおきて交戦という血《ち》腥《なまぐさ》い出会いもあったかもしれない。

しかし、どんな形であれ人びとの接触とともに、縄文犬と弥生犬もまた接触する機会があったにちがいない。

人とのつきあいはあるもののどちらかというと野生の色が濃く、その行動も本能のおもむくままといった縄文犬と人に飼われることによって従順に人と暮らすことを憶《おぼ》えた弥生犬が出会い、影響しあう。こうして生まれたのが日本犬の原型だといわれている。

本能としての狩猟能力を失わず、人とともに暮らすことができる犬。それが日本犬だといっていいかもしれない。

ところで、日本犬は頭蓋骨のちがいによって、縄文系の犬と弥生系の犬に分けることができるといわれている。

現在の日本犬には小型犬の柴犬、中型犬の紀州犬、四国犬、甲斐犬、北海道犬と大型犬の秋田犬の六犬種がいるが、中型犬の中では紀州犬、四国犬、甲斐犬が弥生系で、北海道犬は縄文系の犬だとされている。日本の最果て、羅臼に住む熊五郎も紀州犬だから弥生系の血が流れる犬ということになる。

紀州犬にまつわるひとつの伝説が、ある。縄文系か弥生系かといった分類の話ではない。紀州犬には狼の血が流れている、という伝説である。

——三重県南牟婁《むろ》郡御浜《みはま》町にある尾呂志《おろし》村に阪本という集落がある。周囲には鷲ノ巣山（八〇七メートル）、鴉山（八一二・八メートル）などの山々が聳《そび》え、風伝《ふうでん》峠、横垣峠など幾つもの険しい峠の続く山深い環境の中にある集落である。

その昔、この集落に弥九郎という一人の猟師が暮らしていた。弥九郎は鉄砲の名人で、自分の家からでも、裏山の山峰を走るシカを射止めることができるほどの技倆《ぎりょう》の持主だったという。弥九郎は徳川方と豊臣方が天下を賭けて戦った大坂の陣にも出陣し、ひとかどの手柄をたてたともいわれるが、それも優れた鉄砲の技倆ゆえだろうか。

それはともかく、普段の弥九郎は猪やシカを猟して暮らす猟師であった。家の周囲の山は深く、猪やシカだけでなく狼も棲息《せいそく》していた。

ある日、弥九郎は用事ができたので山を越え、和歌山県の新宮へ出かけた。山道で一頭の狼に出遇《であ》ったのはその帰途のことだった。新宮までの道程は遠く、山道も険しかったのでいかに山を駆けることに馴れ、足の速い弥九郎でも帰路は途中で陽も傾きはじめ、山道は薄暗くなってきていた。

狼は弥九郎が歩いている山道のむこうに、体軀《たいく》を傾けるようにして蹲《うずくま》っていた。

「オッ、狼か……！」

狼を目の前にして弥九郎は一瞬身構え、立ち止まった。狼は警戒心が強く、獰猛《どうもう》で猛悪な性を持つ野生動物だといわれている。しかし、弥九郎の目の前にいる狼からはそんな獰猛さなど微塵《みじん》も感じられなかった。

「何や、どないした？　狼のくせにえらい元気がないことやのぅ……」

弥九郎がいいながら近づくと、狼は弱い光を泛《うか》べた目で上目づかいに弥九郎を見た。

「そうか、おまえ、病気なんか……」

そういって弥九郎が狼に触れると、狼はわずかに警戒するようにビクリと体軀を震わせた。狼の息づかいが荒く、苦しそうだった。

「ハハァ、何ぞの骨でもひっかけたナ、よしよし、いま外したるよってに辛棒しとくんやぞ、わかったナ」

狼は弥九郎のいったことがわかったのか、弥九郎が診《み》る間もじっとしていた。ときどき痛さをこらえるような仕種もみせたが、怒ることも苦しがることもなく、耐え続けた。

やがて苦心はしたものの弥九郎は狼のノドにかかった骨を何とか外してやることが

できた。息づかいも穏やかになり、光が弱かった目にも生気が戻ってきているのがわかった。

「ヨッシャ、これでだいじょうぶやろ。気ィつけて帰らんとアカンぞ」

そういうと弥九郎は再び集落にあるわが家への家路を急いだ。

狼もあのまま山へ帰ったのだろうと弥九郎は思ったが、ふと何者かにつけられているような気配を察してうしろを振り返ると、骨を抜いてやった狼が一定の距離をとりながらついてきていた。

「どうしたんや。山へは帰らんのか……そうか、まァええわい。好きにせえ。気のすむまでワシの家におってもかまわんわい」

弥九郎がそういうと、狼はわずかながら弥九郎との距離を詰め、ついには弥九郎の家までついてきたのだった。

あくる日も、またその次の日も、狼は山に帰る気配を見せなかった。それどころか日が経《た》つにつれて狼は本能的に持っている警戒心すら解いていくように思えた。

妙な狼がいるものだ、とは思ったが、弥九郎のほうも相手が狼とはいえ、次第に情が移ってくる。

「おまえみたいな犬がおったら、ワシももっとええ猟ができるんやがなァ」

弥九郎はそんなことを話しかけたりした。

しかし、ある日、狼は弥九郎の家から忽然《こつぜん》と姿を消したのである。なれてきているように見えたのに、なぜ急にいなくなってしまったのか。やはり野生の狼が人間と共に暮らすのは無理だったのだろうか……。

しばらくは気にもなっていたが、猟に追われたりするうちに弥九郎は狼のことを忘れていた。

そして狼がいなくなって約一年が過ぎようとするある夜のこと。弥九郎は家の表で何かが呼ぶような気配を感じて外へ出てみた。

「誰か、おるんか?」

弥九郎は低い声で誰何《すいか》した。闇に蒼白《あおじろ》い妖《あや》し気な二つの光が浮かんでいた。

「……?」

目を凝らすと妖しい光はスーッと動き、近づいてきた。弥九郎は少しばかり後にさがり身構えた。と、そのとき家の中から洩《も》れる灯が庭に落ち、妖しい光の正体を浮かびあがらせた。

「あッ……!」

弥九郎は小さな叫び声をあげた。家の中から洩れた灯の中に、生まれて間もないと思われる子供を咥えたあの狼の姿が、あった。

「おまえ……帰って来たんかァ？」

弥九郎は胸を詰まらせながらいい、しゃがんで狼の頭に手をやった。狼は頭を低くさげて弥九郎にすり寄り、咥えていた子を弥九郎の足元におろした。

「そうかァ、赤児《やや こ》を産んだんか……」

そういって弥九郎は狼の子を抱きあげ、頬擦《ほお ず》りした。しかし、頬擦りしながら弥九郎は何かが妙だ、と感じた。おとなしく弥九郎に抱かれている狼の子は、なぜか狼とはちがう異質のものを感じさせたからだった。

よく見るとその子は前傾した小さな耳、大きな口、鶏頭《けいとう》の花のように開いた爪先など狼の特徴とされるところがほとんど見られず、弥九郎には犬としか思えなかった。

「ひょっとすると……」

弥九郎の頭にひとつの想像が広がった。この狼はいつだったか「おまえのような猟犬がおれば」といわれたのを憶えていて、在来犬との子を孕《はら》み、産んだのではないか、という想像だった。

そんなことを考えながら弥九郎が狼を見ると、狼も弥九郎の目をみつめ返し、フッと小さな息を吐き出した。そして狼は一瞬の隙も見せずに跳躍し、闇に呑み込まれた。

残された子を前にして、どうしたものかと弥九郎は思案した。しかし、弥九郎にはその子を放り出すことができなかった。まだ乳離れできているかどうかもわからない幼獣を放り出したりすれば、野生の餌食にされてしまうのは明白だった。

「ワシと一緒に暮らしたらええわい」

弥九郎はその子に「マン」と名付けて飼うことにした。といっても弥九郎は積極的にマンを猟犬として育てようと思っていたわけではなかった。が、マンは弥九郎について歩くのが嬉しいのか、山にも一緒に入るようになっていた。体軀は日に日に大きくなっていったが、性質は吠えることを忘れたように温和《おとな》しかった。

やはり狼とはどこかちがう、と弥九郎は思ったが、しかし、マンの猟能は日を追うごとに鋭さと凄まじさを増し、弥九郎が狼の血を感じさせられることもしばしばだった。

この「マン」こそ紀州犬の祖——

というのが狼の血が流れているという紀州犬の伝説である。

もちろんこれはあくまでも伝説である。同じ食肉目イヌ科の獣とはいえ、現実に犬と狼との混交などということがあり得るのか、どうか。

しかし、そんなことは百も承知したうえで眉にツバをつけながらも、どこかで信じたくなるような伝説ではないか……。と思うのは熊五郎の果敢さ、勇猛さを目にした私の迷妄《めいもう》の膨《ふく》らみ、なのだろうか。

消えた紀州犬

現在、日本犬といわれている犬には、先に書いた六犬種がいる。しかし、その昔はこの六犬種のほかにも日本各地に「地の犬」と呼ばれる在来の犬たちが暮らしていた。秋田の大館犬、鹿角犬、秋田マタギ犬、岩手の岩手マタギ犬、山形の高安犬、富山の立山犬、石川の白山犬、長野の川上犬、保科犬、戸隠柴、山辺柴、赤石柴、福井の大野犬、山梨の甲斐虎毛犬、岐阜の美濃柴、飛騨柴、さらに山陰地方には石洲犬、因幡犬がおり、四国には獅子先、猿先、土佐犬がいた。そして紀伊半島一帯には後に紀州犬として呼称が統一される太地犬、熊野犬、日高犬、高野犬、明神犬などの地の犬たちがいたのである。

縄文時代から人と暮らしてきた犬は、時の流れの中で暮らしている土地の風土や環境、生活形態など、その土地に適応した犬になってゆく。体形や体格といった外面的なものだけでなく、気質や行動までもそれぞれの土地に適応したものになってきたのだと思われる。

地の犬たちはこうして誕生してきたのだろうが、これらの地の犬のほとんどは猟犬として飼われていたようである。

狩猟とひとことでいってもそれぞれの土地によってそこに棲《す》む獣や鳥はちがうため、その猟法も異ってくる。そんな猟のちがいもまたその土地で暮らす犬たちに影響を与え、それぞれの土地に固有の犬を生み出す一因になっていたのではないだろうか。

羅臼に暮らす熊五郎も、本来は猪猟に使われることが多い紀州犬である。その熊五郎が日本の地上野生動物で最大最強といわれる羆《ひぐま》と対決できる猟犬になったのも、日本の中では羆が棲むほど自然が色濃く残る羅臼で暮らすようになったからであり、さらには羆猟はもとより狩猟の名ハンターである正裕に出会い、共に暮らすようになったことが大きいと思う。もともと優れた猟能を持っているとしても、羅臼という最果ての地の環境や条件が、さらにその実力に磨きをかけたのにちがいない。

谷口研語著『犬の日本史』によると、犬と狩猟のことを記した最も古い文献は『日本書紀』だと書かれている。このことから、日本人はかなり古い時代から犬を使った狩猟をしてきていることがわかる。『日本書紀』に出てくる犬がいわゆる地の犬といわれるような犬だったのかどうかはわからない。しかし、猟犬として人とともに暮らす犬が、猟や風土に影響されながら地の犬として誕生し、定着するまでにはかなりの長い年月がかかっていることにまちがいないだろう。

こうして生きてきた日本犬たちが純粋の血を保ったまま生き続けてゆくには困難な時代が待ち受けていた。洋犬など他犬種との交雑である。

日本に外国の犬が持ち込まれたのがいつごろかについては諸説がある。天平時代にも平安時代にも、室町時代にもあった、という。江戸時代に特別扱いされた狆《ちん》は聖武天皇の天平四年、新羅《しらぎ》から中国産の小型犬を移入したのが最初とも、直接の先祖は室町時代以降ともいわれている。

狆はともかく、これらの時代に日本に入ってきた犬は貢物として入ってきたようで、数も少なく、野放しにせず人に保護されながら飼われていたことを考えると、在来犬の存亡にかかわるほどの影響があったとは思えない。

驚いたことに、幕府が厳密な鎖国政策をとっていた江戸時代にも洋犬の移入があったのだという。谷口研語著『犬の日本史』には、「それらの多くは、三代将軍家光や幕府要路への贈物として利用され」ていた、とある。そして「これら南蛮船で船載された犬たちは唐犬と呼ばれた。それらの唐犬でも大型のものは大名たちの狩猟に用いられた」とも書かれている。

大名たちが洋犬を猟犬として欲したのは、猟能に優れた日本犬が姿を消していたからではない。町中はともかく、山深い集落に住む猟師のもとで、ひっそりと飼われていたのである。にもかかわらず、大名が洋犬を欲しがったのは日本犬が優れた猟犬であるという認識がなかったのか、あるいは洋犬ブームとでもいったような時代背景があったのか……。

それはさておき、鎖国の厳しい時代にさえ洋犬の移入はあったようである。しかし、幸運にもというべきか、鎖国ゆえに限りなく洋犬が入り込んでくることはできず、在来犬と洋犬との混交は避けることができたのであった。毒モマタ薬ナリの言葉ではないが、文明的政治的には負の要因の多かった鎖国のおかげで日本犬の存亡が危機に陥ることが防げられていたのである。

日本犬が存亡の危機に直面するのは明治時代に入ってからである。

文明開化。西洋指向の者にとっては耳ざわりがよく、何となく時代を先取りしたフィーリングを持つ言葉に聞こえたのかもしれない。

事実、この時代になると、長かった鎖国時代の反動ででもあるかのように雪崩を打って西洋の文明が入り込んでくる。異国の文明は日本古来の文化や伝統まで押し潰し、呑み込まんばかりの勢いで流入し、敷衍《ふえん》していった。

そんな影響を被ったのは人間ばかりでなく、犬もまた例外ではなかった。多くの洋犬が入ってきたからである。

こうしたことが激しくなると、時代の波に押されて洋犬が珍重され、もとから日本にいた犬たちは粗雑に扱われるという傾向も生まれてくる。洋犬をありがたがるあまり、日本犬を殺してしまえという残忍な風潮まで生まれたこともあったという。

現実に日本犬が虐《しいた》げられ、殺されてゆくことがあったかどうかはわからないが、洋犬が猛烈な勢いで移入されてはいたようである。

しかし、それは見方を変えれば結果的に形を変えた日本犬の駆逐になっていくのである。

古来から日本人は犬とともに暮らしてはきたが、今日のように犬を繋《つな》いで飼うという発想も習慣もなく、ほとんどが放し飼い状態であった。犬を繋ぐというのは例外といってもよかったのである。

日本では犬を繋いで飼うようになったのがいつごろのことか正確にはわからないが、私が紀州犬の雑種を飼っていたころはまだ放し飼いされている犬が多かったように憶えているから、それほど遠い昔のことではないのかもしれない。

洋犬が移入されるようになった文明開化の時代も犬はほとんど放し飼いされていた

から移入された洋犬も放し飼いされていた。したがって日本犬と洋犬が遭遇する機会も多かったはずである。洋犬であれ日本犬であれ、犬は相手を選ぶわけではないから、犬として互いに気に入れば洋犬と日本犬が混交しても不自然ではない。動物の本能としての行動といってもいいだろうか。こうして日本の犬が交雑化してゆくのは当然のことでもあった。

一旦流れだした交雑化の波はとどまることを知らないかのように、日本の各地に広がっていった。大正時代に入ってもその波は止まらず、いっそう強くなるほどだった。町で飼われている犬はもちろん、洋犬の血を入れて作り出された猟犬もあったことも考えられる。

余談だが洋犬との混交でありながら、今では日本原産の犬として固定している犬たちがいる。天平時代に移入されたともいわれる狆は中国系の小型犬がもとになっているといわれ、闘犬で知られる土佐闘犬は高知にいた地の犬と洋犬の混交。日本テリアは西洋のテリアがもとになった犬であり、ひところ愛玩犬の代表のようになっていたスピッツはドイツのポメラニア地方の犬との交雑である。この犬たちは日本犬とは呼ばれないものの、日本原産の純粋種として固定しているのである。

これらの犬のほかにも、洋犬と交雑化していった犬は無数といっていいぐらいにいたにちがいない。

紀州犬の中でも「兎犬《うさぎいぬ》」と呼ばれる小型の犬がいたのだが、ビーグル種の洋犬などとの交雑があり、雑化して今では絶滅したともいわれている。よく吠える犬で、兎猟だけでなく山鳥などの猟にも使われた紀州犬だったという。人為的に改良しようとしたことがかえって紀州「兎犬」の消滅に手を貸すという皮肉な結果になったのである。

天然記念物指定と呼称統一

町には洋犬との交雑が特別のことではなくなったような空気が流れていた。洋犬との交雑だけでなく、雑化した犬がさらにまた混交して交雑化が進む。

しかし、誰もがそんな傾向に無関心だったわけではない。日本列島から在来の犬たちが姿を消していく……そんな危機感を強く抱く人たちもいたのである。

日本の在来の犬である日本犬を保存しようという動きはこんな背景から芽生えてきた。一説には日本犬保存の動きは明治末にはじまったともいわれるが、はっきりした形を持ったのは一九二八（昭和三）年五月、「日本犬保存会」が設立されてからだといっていい。また「日本犬」という呼称が使われたのも保存会設立のときからだという。

こうして各地に残存していた日本犬の調査がはじまり、消滅していくにちがいない日本在来の犬たちが探し出されてゆくことになる。

調査は主に「地の犬」が対象になったが、このころには町の犬はすでに交雑化が深く浸透してしまい、山間僻地《へきち》といわれるようなところにしか在来犬は残っていなかったからである。

都会《まち》とは隔絶したような山間僻地。そこには交雑化という時代の波に少しも触れることのない日本の犬たちが暮らしていた。深い山の中にある集落は交通も杜絶《とぜつ》した世界で、時代にとり残されたように永々と伝えられてきた暮らしが続いていた。山には狩猟の対象となる猪や鹿、山によっては月の輪熊などの大型獣も棲んでいた。犬は人とともに山に入ってそれらの獣を追い、猟をした。それが山の暮らしの日常でもあった。

絶滅の危機に瀕《ひん》する日本犬がいる中で、このようなところに暮らす犬たちは、都会とは隔絶した環境ゆえに交雑化を免れてきたといっていいだろう。

日本犬の保存調査活動によって、現在日本犬とされている六犬種のほかにも、各地で残存していた地の犬たちが探し出された。

そしてこのような日本犬保存運動の高まりで文部省が動きだす。日本犬の天然記念物指定である。文部省は一九三一（昭和六）年七月に秋田犬を天然記念物に指定したのにはじまり、一九三四（昭和九）年一月に甲斐犬を、同年五月には紀州犬、同年十二月には現在では絶滅したといわれる越《こし》の犬を、さらに一九三六（昭和十一）年十二月に柴犬、翌一九三七（昭和十二）年六月に土佐犬、同年十二月に北海道犬と七犬種を日本の天然記念物に指定している。

ちなみに一九三七年に天然記念物指定になった土佐犬は洋犬種との混交で作られた土佐犬ではなく、今の四国犬のことである。

ところで、日本犬保存会の設立に参画し、後に同会の理事を務め、「紀州犬保存会」も設立した石原謙は、紀州犬の保存に立ちあがった目的を日本犬保存会会報の『続・紀州名犬語り草（一）』で次のように書いている。

昭和七年帰郷、その頃から文化を愛する畏友、杉本義夫氏の後援を得て紀州犬保存会を設立、越えて昭和九年一月十五日、第一回紀州犬展覧会を開催しました。同夜歓迎会の席上審査長、板垣博士の挨拶は紀州犬の主産地であり、主催者側への\u8d10《はなむけ》の言葉として、紀州犬を最高に賞揚して下さったが、翌日勝浦越の湯温泉で保存会幹部との座談会で、「当地方の方々には少なくとも当面紀州犬の使役目的は猪猟以外考えられないでしょう」と申されたことである。この時点で私の気づいたことは、私自身のように実猟経験を拠り所とした保存運動であってはならない。紀州犬の使役目的を可能な限り拡大せねばならないということであります。

現に紀州犬は東は東京、西は熊本にいたる間、幅広く狩猟に関係なく、同好の士に飼育され、今後益々範囲が拡大されましょう。保存会として左様願わざるを得ません。吾が民族と共に生き続けるであろう紀州犬が、いずれの時代、いずれの地域、どんな形で飼育されようとも、ただ紀州犬を愛して下さる方々に、

「皆さんの飼って居られる紀州犬には、こういう特殊な猟芸があったればこそ、祖犬の姿を持った日本犬として残ったのですよ。」

と知って戴くことこそ、紀州犬保存会の使命であるということです。


昭和の初期、すでに猟芸を持った犬が将来的に、猟犬としてだけ生きる道が狭くなっていくのを見抜いている石原の炯眼《けいがん》。しかし、そんな時代が来たとしても、何としてでも優れた猟芸を持つ紀州犬を後世に残していきたい……それは紀州犬を愛する石原の切なる想いであったにちがいない。さらにそれは単に紀州犬を愛するだけの愛犬

家としてだけでなく、紀州犬がいかに特殊な猟芸を持ち、猟能に優れているかということを熟知した実猟家としての願いでもあったような気がする。

ところで、この「紀州犬」という呼称だが、これは紀州犬を天然記念物として申請する際に石原が考案し、申請者となって指定申請したものだという。

和歌山、三重、奈良の三県にまたがる紀伊半島の山岳地帯にはその土地土地に「熊野犬」「太地犬」「日高犬」「那智犬」などと呼ばれる犬たちが暮らしていた。紀州の峰続きに暮らす犬たちはどの犬も交雑を免がれた犬たちで、優れた猟能を持っていた。峰続きの土地に暮らすということからすれば、この犬たちの祖先は、遠い昔をたどっていくとひとつだったことも十分に考えられる。

石原が「紀州犬」としたのはこれらの犬が紀伊半島一帯、つまり紀州という地域に棲む犬ということからだったと思われる。

しかし――。

各地で残存していた地の犬が探し出され、天然記念物に指定される犬種も出るなど、これで日本犬の保存も順風満帆で進むかと思われたが、時代の波に弄《もてあそ》ばれて思わぬところで苦難を強いられることになる。戦争である。

戦争と犬、といっても食糧難の時代に食用にされた、という話ではない。戦争という狂気の波に呑まれ、犬もまた人と同様「兵士」として戦場に駆り出されていったのである。

軍用犬という。谷口研語著『犬の日本史』には「軍用犬とは民間にある軍事利用に適した犬のことで、日本軍が利用する犬は正式には軍犬と呼んだのだという」とある。銃を持たない戦場の兵士とでもいっておきたいところだが、人間の欲望と争いに巻き込まれ、生命を落としていく犬は哀れとしかいいようがない。戦場での闘いは犬の本能が発揮される猟の場とは当然別世界のものであった。そして犬を飼っている人々は日本の勝利を夢見て、先を争うようにして犬を供出した。畜犬献納運動である。

日本軍が軍犬として徴用した犬たちは十万頭ともいわれる。この中には運よく生き残ることのできた犬もいただろう。しかし、そんな犬たちを待っていたのは敗戦地への置き去りという残酷な現実だった。人も食うや食わずの時代とはいうものの、人間のエゴのために犠牲になった犬たちだった。一九三四（昭和九）年に天然記念物に指定されながら、狂気の波に呑み込まれて絶滅した越の犬のような犬もいたのである。

紀州犬の保存に尽力してきた石原もまた、そんな時代の波に巻き込まれる。海軍航空機用潤滑油の原料捕獲船団を組織することと西日本捕鯨業組合長として、直接軍に協力するように命じられたのである。石原には紀州犬の保存に力をそそぐ余裕すらなかったにちがいない。石原だけでなく、この戦争の煽《あお》りを受けて日本犬保存会の保存事業も一時中止という事態に追い込まれることになる。新たな日本犬存亡の危機であった。

そしてこの危機をかいくぐり生命の絆をつないできたのも都会とは隔絶したような土地で暮らす犬たちだった。

今日残存する日本犬たちは、山中の集落で苦渋の時代に耐えるようにひっそりと息をひそめ、生き延びてきた犬たちだといってもいい。

ひっそりと生きてきた犬たちが、あらためて顔を見せるようになるまでには、戦後、しばらくの時間《とき》を待たなければならなかった。

発掘された名犬の血

戦後、約三十年の歳月が過ぎたある日、石原謙はNHK和歌山放送局の番組制作担当者から一本の連絡を受けた。話は紀州犬の猪猟《いのししりょう》訓練を撮影するための協力要請だった。

戦争が終わって日本に帰り、再び紀州犬の保存調査に力を注いでいた石原に、異存のあろうはずはなかった。しかし、この撮影で、夢でも見ているのではないかと思いたくなるほどの驚喜する衝撃に出会うことになろうとは、連絡を受けたばかりの石原には想像することもできなかった……。

そして、撮影の日。

当時、紀州猪猟犬保存会の会長を務めていた中村克也が奔走し、和歌山、三重、奈良の三県から集めてきた四十頭ばかりの紀州犬が撮影現場となる和歌山県の狗子《くじ》の川にある猪犬訓練場にそろっていた。

「わざわざ犬を連れてきてくれて、ほんとにありがとう」

石原は犬を見て歩きながら、飼い主の一人ひとりに礼をいってまわった。

どの犬も紀州犬の特徴を持った犬たちだった。が、石原は訓練場の高台にある納屋《なや》の前で、驚いたような表情をこぼして立ち止まった。いや、立ち止まるというより、納屋の前で綱に繋がれている一頭の紀州犬に目を惹かれ、足が動かなくなった、というような止まりようだった。

「この犬は……」

いいながら石原はその犬を連れてきていた若い男の顔を見た。三十二、三歳の男で、その隣にいるのはどうやらその男の母親のように思えた。

年をとってはいるようだが、その犬を見た瞬間、石原はこの犬は鳴滝《なるたき》の血を持つ犬だ、と確信した。瞬間的にそう思わせたのは、多くの紀州犬を見てきた石原の眼力でもあった。けっして姿形が洗練されているわけではないが、猪と闘う犬としての底知れないような風格があった。老犬ではありながら強靭《きょうじん》な意志と奮《ふる》い立つような気力を感じさせる。

「何という名ですか？」

石原が訊くと、

「ワシは梅田義富、この犬は太郎といいますんや」

梅田はちょっとぶっきらぼうなものいいで答えた。

「いい犬ですねえ。私にも綱を牽《ひ》かせてもらえませんか？」

石原が頼むと、梅田は、

「ええヨ」

と意外にも気さくな答えを返し、石原に綱を渡した。

堂々とした体軀から綱を通して、猪との百戦を闘い抜いてきたと思われるずしりとした貫禄が響いてくる。

「やはり……！」

石原は胸の中で驚喜を覚えながら呟《つぶや》いた。そして最初に太郎号を見て抱いた印象を反芻《はんすう》しながら、この犬にはまちがいなく名猟犬の血が流れているにちがいない、と思った。実際に綱を持ち、綱から響いてくる感覚は石原にその想いを確信させていた。

「年は幾つになります？」

訊いてみると十七歳ほどだという。

「今でも猪猟を？」

そんなことはあるまいとは思いながらも、石原は訊いていた。目の前にいる太郎号は、老いても猪と十分に闘えるほどの雰囲気を醸し出していた。が、さすがに梅田は、まさかという表情で苦笑し、

「猪猟には九歳のときまで使うたんやがナ、年もとってきよるし、あんまし稼がせるのンも可哀そうやで、誰にも貸さんと陽のええときは山仕事に一緒に連れて行きよるんやけンどナ」

というのだった。

実は、この梅田義富犬太郎号を石原が見出したことは、熊五郎が後に誕生してくることに深く関係している。石原が太郎号と出会って、その後に太郎号の血を受け継ぐ紀州犬ができていなければ、優れた猟能を持った今日の熊五郎は存在していなかった

かもしれない。

ちなみに太郎号という犬の名の上に梅田義富犬と冠されているのは、所有者を示すものである。これについて石原は『紀州名犬語り草』の中の注釈で、

那智裏郷に於て犬の名の上に所有者に家号又は氏名を附し、所有者を明にして居る。即ち前記畆畑義清犬鉄と云へば畆畑といふ在所の義清といふ人の飼育して居る鉄といふ犬の意である。之は当地方古来よりの名物競技たる「牛の田掻《タカキ》」の呼称に由来してゐるやうである。何れにしても現在のケンネル・ネームに類する呼称であって、真に結構な事と思っている。


と説明している。

さて、NHKのテレビ番組撮影は何とか終わったものの、あの日、太郎号を目にして以来、石原の頭の中から太郎号のことが離れることはなかった。

——一度、あの太郎号の蔓《つる》をたぐってみようか……

紀州犬の保存とその繁殖に生涯を注ぎ込んできた石原がそう思うのも無理はなかった。蔓というのは血統とか系統といったようなものと考えればいいだろうか。

紀州犬の保存、繁殖に情熱を注ぐといっても、石原は単に姿形のいい紀州犬の作出を考えていたわけではなく、特殊な猟芸を持つ祖犬の姿と資質を備えた紀州犬を残していくというところにその思いの根があったから、そんな風格を持つ太郎号に惹かれるのもなおさらのことだった。

太郎号の蔓をたどってみたいという想いにじっとしていられなかった石原は、撮影終了の翌日、さっそく知人で熊瀬川に住む上野栄樹を訪ねた。上野は太郎号の飼い主である梅田の老母の弟であり、太郎号とも猪猟をしていた猟師だと聞いていたので、太郎号の蔓をたどる最初の手がかりを得るには好適の人物だと考えたのである。

上野の話では太郎号が現役の猟犬だったころには「寐屋《ねや》止め」の芸に優れた犬だったという。寐屋止めというのは、猪を寐床というか巣穴で止めて動かさないようにする技で、猪犬の猟芸のひとつである。

「他人《ひと》はワシを猪猟の名人やというてくれるんやけど、ほんまは太郎が獲ってくれたようなもんやわいナ」

上野は懐しそうにそういい、苦笑した。そして太郎号の蔓についてはもっと詳しく知っているだろうと思われる人物を紹介してくれた。

——これは思いのほか早く、明確な太郎号の蔓がわかるかもしれない……

一人の紹介者からまた次の紹介者へ。何人かの人を訪ねて話を聞いて歩くうちに、石原はそんな気がしてきていた。

そしてついに石原が行きあたったのは、何と、伝説の紀州三名犬といわれた中の一頭である「鳴滝のイチ」であった。義富犬太郎号の蔓をたどっていくと、八代ほど先に鳴滝犬イチがいたのである。

太郎号を初めて見たとき、きっと名犬の血が入っているにちがいないと見抜いた石原の直感はまちがっていなかったのである。

だが、石原は太郎号の蔓をたどるだけで満足していたわけではなかった。何とかしてこの名犬の血統を残したい、という願いを抱いていたのである。

日本犬の平均寿命は十五歳ぐらいだといわれている。犬は人間の約五倍のはやさで年を重ねていくというから、犬の十五歳は人間の七十歳代後半に匹敵する。太郎号はこのときすでに平均寿命を超えた十七、八歳になっていたのだから老爺《ろうや》である。

急がなければ時間がない。考えれば考えるほど紀州犬のいい血統を残すことは自分の責務のように思えてくる。紀州犬の保存、繁殖に生涯を注いできた石原はそんな気がしてならなかった。

考えられる方法はひとつだけ、あった。石原は義清《よしきよ》の鉄号という紀州三名犬の中の一頭の蔓を持つ良号《りょう》という犬を飼っていた。その良号と太郎号をかけることはできないか、と石原は考えていたのである。幸運にも太郎号は雄であり、良号は雌であった。それにどちらも紀州三名犬といわれた犬を祖犬に持っている。

しかし、その相談を梅田に持ちかけてみたが事はすんなりとは運ばなかった。誤解、すれちがい、感情のいきちがい、タイミングのずれなど、さまざまな事情が重なって曲折。何度も断念するしかないような場面に直面することもあった。だが、それでも石原は諦めなかった。一方の梅田も心のどこかでこの名犬の血統を残したいと思っていたにちがいない。

梅田の老母の力添えはあったものの、太郎号と良号を結ぶことができたのは石原と梅田のそんな心情が結びついてのことであったかもしれない。

執念ともいえる石原の熱い思いが実ったのは、山に秋の風が吹きはじめる十月半ばのことだった。良号が雄三頭、雌二頭の子犬を産んだのである。太郎号との間にできた子犬だった。

この五頭の子犬の中に、やがて熊五郎の祖父犬を産むことになる一頭がいるのだが、熊五郎誕生までにはまだしばらくの歳月を待たなければならない。

いずれにしても紀州三名犬といわれた蔓の発掘とその血統の継承は、石原の執念とでもいえるような情熱によって保たれたといっても過言ではあるまい。
名犬の血を持つ紀州犬の保存、繁殖に生涯を投じた石原は、一九八四（昭和五十九）年一月五日、その人生を、閉じた。

猪と闘う犬

先にも書いたことだが、紀州犬は紀伊半島一帯の山岳地に暮らす犬たちで、かつては暮らしている地域によって「熊野犬」「太地犬」「日高犬」「那智犬」などと呼ばれていた。

暮らしている地域はちがっても、この犬たちが飼われていた目的はほとんどが猟に使うということで、極端にいうとどれほど姿形がよくても猟ができない犬は紀州犬ではない、といっていいほどであった。

中でも紀州の猪猟は紀州犬とは切っても切れないものがあり、猪猟の巧みさ、猟能の如何がその犬の優秀さを計る尺度になっているといってもよかった。山で猟をする猟師にとって、そうした紀州犬の猟能は絶対不可欠といってもよかったのである。

今日、一般家庭で飼われる紀州犬が多くなり、本質的に持っている猟能を発揮できる場も機会もなくなってきてはいるが、紀州犬は長い年月をかけ、猪と闘うための資質が血の中に埋め込まれてきた日本犬であった。

紀州犬は忠実で温厚、従順な性格が特徴だといわれている。石原謙も日本犬保存会会報の『続・紀州名犬語り草（一）』の中で、人が来たからといって吠えたり、名を呼んだからといってさっそく尾を振られたりしては幻滅だ、と語っているが、そんな外見的な温厚さとは別に、内面には不屈といっていいほどの気魄《きはく》と闘志を漲《みなぎ》らせているのである。それは紀州犬の猟能と深く関係しているものだと思われるが、そんな気質を持っているからこそ、紀州犬の猟は「一銃一狗《いちじゅういっく》」とか「熊野の腰だめ鉄砲」など俚諺《りげん》になるような言葉も生まれたのではないだろうか。

「一銃一狗」の狗というのは犬のことだが、一人の猟師と一頭の犬だけで猟をすることができるという意味である。また、「熊野の腰だめ鉄砲」というのは、犬一頭がいればたとえ猟師の目前まで獲物が突進してきても犬が獲物を止め、猟師は獲物をじっくり狙う時間がなくても銃把《じゅうは》を腰に当てた撃ち方で獲物を獲ることができる、というほどの意味である。

しかし、犬がいかに優れた猟能を持っていようと、体軀が数倍もある獣を前にして怯《ひる》むことなく立ちむかうには、相当の気魄と精神力が要求されるにちがいない。怯み、気圧《けお》されれば待っているのは死である。熊五郎の作出者でもある釘宮正博は、優秀な猟犬に要求される要素として、その犬の天分はあるものの、やはり度胸と気魄を欠かすことはできないという。しかし、過去、優秀といわれた紀州犬の中にも、獣の持つ悪魔のような牙にかかり、露となって散っていった犬たちがいたのも本当の話である。

さて、紀州犬の猟能とはどんなものなのだろうか。紀州犬の猟能の中で最も代表的なものは「寝屋止め《ねや》」といわれるものである。

普段は温厚で、ほとんど吠えることのない紀州犬も一旦山に入り、猪を見つけると猛然と吠えかかり、闘いを挑んでいく。その吠え声は単なる威嚇《いかく》だけのものではなく、猪を脅《おび》えあがらせ、一寸の動きを制するほどの気魄と厳酷さがあるという。

猪もただただ圧倒されてばかりいるわけではない。森の王者としての威信をかけるように、吠えかかる犬に襲いかかろうとする。どちらも引くことのない緊迫の刻《とき》だけが森の中に流れる……。

寝屋止めにもその犬の猟芸によってちがいがあるようだが、猪を巣穴から動かさず、猟師が銃を放ちやすいように導く技であることに変わりはない。

後に触れる伝説の紀州三名犬も、寝屋止めに優れた猟芸を持った犬たちだったという。

話は少し横道に外れるが、猪と闘う犬だけが紀州犬というわけではなかった。紀州の風土と猪猟が盛んということから、紀州犬は猪と闘う猟犬として知られているが、この猪犬のほかにも「鹿犬」「兎犬」と呼んで、鹿猟や兎猟に使われてきた紀州犬がいるという。

兎犬については先にビーグル種の洋犬などとの混交によって絶滅したという話を書いたとおりである。

鹿犬と呼ばれるのは、猪犬と比較すると猪犬のように骨太のガッシリした体軀ではなく、走ることに合ったスマートな体形なのだという。頭も小さく、脚も長い。それは山峰を走るシカを追うという必要性に合った体形なのである。

シカを追う犬は猪犬のように獲物を寝屋で止めることより、いかに速く、シカに劣らない俊敏さで追いつめていくかという能力が問われることになる。「追い芸」というのがあるのかどうかはわからないが、しかし、山中を駆けるシカを追いつめていくためには、やはり強靱《きょうじん》な体力と追うことを諦《あきら》めない強固な意志、気力が要求されるのはまちがいないだろう。

もちろん鹿犬だけでなく、猪犬の中にもこのような「追い芸」を持っている犬がいても不思議ではない。

そういえば犬の走りというか、跳躍ということで思い出したことがある。いつだったか羅臼の山の急斜面を走り、大きなエゾシカにかかるために跳躍する熊五郎を見ていて感じたことである。

普通、人間でもそうだが、走ったり跳びあがったりするときには足で地面を蹴りあげる。犬の場合は後ろ足で蹴りあげて跳躍する。が、熊五郎はグッと前半身を沈めるような構えをとり、体全体がバネと化したようにして駆けあがり、跳躍するのである。どちらかというと熊五郎は体形は猪犬タイプだと思うが、この跳躍を実に巧みに使っているのである。それは羅臼という山岳地での走り方を心得た技といってもいい。その技を活用し、熊五郎は知床の険しい山岳地で、体が数倍大きなエゾシカや羆を追って闘い、巧みにとらえるのである。

誰が教えたわけでもないのに、羅臼という険しい山岳地で猟をしていく中で熊五郎は自ら考え、習得してきたのにちがいない。

それはともかく、「追い芸」もまた、紀州犬の持つ猟芸といっていいと思う。さらに、「芸」ということでいうと、今は絶滅した「兎犬」が持っていた、よく吠えるという資質も、兎を追い出す目的からすると「猟芸」の範疇《はんちゅう》に入れていいのかもしれない。ただし、兎犬が絶滅した今ではもう見ることができなくなった猟芸ではある。

もうひとつ、紀州犬の特徴として多くの人には毛色の白い犬だと思われているのではないだろうか。たしかに白い毛色の紀州犬は多い。しかし、白毛の犬以外は純粋な紀州犬ではなく、他犬種の血が混じった犬というわけではない。

紀州犬に限らず、古来から毛色の白い犬は人間に好まれる傾向があった。白い犬を人間が好んだのは、「古代人は一般に、動物は不思議な力をもつもの、との畏怖の念をもっており、とりわけ巨大な動物には神をみた。それにくわえて白という色は、清浄無垢を象徴するものであり、洋の東西を問わず、古くから神聖視されてきた。こういう次第で、白い動物は祥瑞《しょうずい》とされるケースが多かった」と、谷口研語は『犬の日本史』の中で書いている。しかし、猟犬と白毛との関係については「猟犬として白犬が好まれるのは、白犬がとくに猟犬として優秀だということではなく、狩人が犬を見分ける必要からそうなったものらしい。古代の白犬霊獣視と直接関係するものではないのだろう」と洞察《どうさつ》している。

紀州には「一白、二赤、三斑《まだら》、四胡麻」という紀州犬の毛色に関するいい伝えがあるそうだが、このいい伝えからも紀州犬の毛色は白だけではないことがわかる。

わずかに残存する写真を見るとわかることだが、後で触れる伝説の紀州三名犬も白毛ではないし、羅臼の熊五郎の毛色も「日本犬血統書」(財団法人日本犬保存会発行)にあるとおり赤である。

毛色がどうかということで猟犬としての猟能の優劣を計ることができるわけではない。猟能というのはやはり内面的なその犬の資質といっていいだろう。

伝説の紀州三名犬「鳴滝のイチ・義清の鉄・喜一のハチ」

伝説の紀州三名犬といわれる「鳴滝犬イチ号」「義清犬鉄号」「喜一犬ハチ号」の存在を発掘し、はじめて巷間《こうかん》に発表したのは石原謙であった。この名犬たちの記録を残しておこうと石原が考えたのは、魅力ある祖犬の姿を残す紀州犬の保存と作出に生涯の情熱を傾けてきた真摯《しんし》な姿勢であった。石原は優れた猟芸を持つ古典的紀州犬の姿を、時代が移っていってもしっかりと伝えていきたかったのにちがいない。

石原は紀州犬研究者の座右の書ともいわれている日本犬保存会会報に書いた『紀州名犬語り草』で伝説の紀州三名犬の話を書いているのだが、少なくとも三名犬のうちの鳴滝犬イチ号と義清犬鉄号の二名犬の血を受け継ぐ羅臼の熊五郎にも深く関わることのように思えるので、『紀州名犬語り草』に書かれたものを参考にしながら、この犬たちがどんな犬だったのか、見てみたいと思う。

石原は『紀州名犬語り草』の冒頭で、この三名犬はいずれも紀州犬の本場、那智裏郷を出生地とする、と書いている。三頭とも紀州の山で猪と闘ってきた実猟の猪犬であった。

鳴滝犬イチ号は、羅臼で暮らす熊五郎の四代前の玄祖父犬、義富犬太郎号の先祖であり、色川村に住む立溝義太郎が一九一八(大正七)年ごろから飼っていた紀州犬であった。ちなみに「鳴滝」というのは立溝の家号であるという。

なお、「鳴滝」という字については、「成滝」という字を使っている参考資料もある。石原は「執念のみのり——色川犬の復元を希って——」の①および②で「成滝」という字を使っているが、近年飼育者本人が「鳴滝」と書いた資料が見つかり、本書では「鳴滝」を使うことにした。

鳴滝のイチは大型でうわ背もあり、ヌタ毛の毛色をした猟犬だったそうである。飼い主であった立溝はそんな鳴滝のイチを懐古して、

「大変おとなしい犬で大きくなってからもごろごろ寐てばかり居て誰が名を呼んでも知らん顔して見向きもしなかった」

と石原との会談で語っている。

しかし、後に名犬として伝えられることになるこの猪犬も、最初から優れた猟技や

猟能をみせていたわけではなかった。

生後二十六日ほどで立溝のもとに来たイチは三歳になるころまでは、とても猟犬として使いものにならないと思うこともしばしば。飼い主の立溝は何度もがっかりさせられたものだったという。

他の犬と一緒に山に連れていってもすぐに一頭だけがはぐれてしまい、ただただワォーン、ワォーンとせつなそうに遠吠えするばかり。その吠え声は少しでも早く家に帰りたい、とでもいっているように聞こえた。

何とかイチを猟のできる猪犬に育てたいと考えて、立溝は訓練を重ねた。その成果がみえはじめたのは、イチが四歳になるころからだった。それどころか猟経験を積むにつれ、他犬を凌《しの》ぐ猟能をみせるようにもなってきた。

特に鳴滝のイチが優れていたのは嗅覚であった。尾根筋を歩いていて、ほんのわずかな猪の痕跡《こんせき》を嗅ぎとると、高鼻《たかはな》を嗅いで臭いをとり、まっすぐに猪の寝屋《ねや》にむかって猪を止める。寝屋にむかう間も猪を止めてからも、無駄な吠え声はいっさい発しなかった。

猪と対峙《たいじ》したまま睨《にら》みつけ、動こうとしたときには威嚇《いかく》するように鋭い吠え声で牽制したという。

普段はおとなしく、獣を射るときのような気配は微塵もみせなかった。たとえば他の犬が吠えかかっても知らん顔をしているのだが、しかし一旦本気で怒り、威嚇すると相手の犬は縮みあがるほどの気魄《きはく》があったという。

鳴滝犬イチ号は九歳のころ伊勢に暮らす愛犬家のもとへ引き渡され、それから間もなくして生涯を閉じたという。

もう一頭、熊五郎の血の中にも流れている義清犬鉄号は、畝畑《あぜばた》に住む上尾義清の作出した猪犬であった。父犬は上尾の飼育していた猪犬、母犬は伊勢の岡本清作の飼育していた猪犬で、この父母犬も優れた猟能を持つ猪犬だったという。

毛色は白地に黒の差毛のある大斑《おおまだら》。体高が一尺九寸、体重は八貫もあったというから大型の猟犬だったようである。

そして鉄もまた鳴滝のイチと同じように、普段はおとなしくてあまり吠えることもなく、他の犬が喧嘩をしかけてきても相手をすることのない犬であった。

しかし、猟となると普段の温和さが嘘のように激しい気質をむき出しにして猪と闘うのである。大型の猪はともかく、中型、小型の猪なら何時間かかっても諦めることを知らないように喰い止める。一日の猟を終えて帰ってくると満身創痍《まんしんそうい》といっていいほどの体になっていることもしばしば。それは猪と闘った痕で、その闘いの凄まじさ、激しさを物語っていた。体重が五十キロぐらいまでの猪なら鉄砲なしで獲ったともいわれるそうだが、鉄と闘い、喰い斃《たお》された猪は、どの猪も鼻の形がなかったという。猪と鉄の闘いはまさに死闘といっていいほどのものだったにちがいない。

だが、さすがの鉄も大型の猪となると容易に喰い斃すわけにはいかなかった。しかし、それでもしっかりと猪を寝屋で止め、諦めることなく主人が来るまで猪を動かさずに待っていたという。仮に猪が寝屋を出ることがあっても決して追い吠えはしなかった。猪が寝屋を出たときなどは果敢に猪の鼻柱に喰らいつき、引きずられながらも主人が銃を撃てる状況を作り出した。

猟犬の追い吠えについて鉄の飼い主だった上尾は石原との面談の中で、「総じて追《お》い吠《な》きする名犬はいませんよ」といい、追い吠えでは猪は止まらない、追い吠えする犬は長く追うことができない、紀州の猪犬は猪を止めて撃たせるのが特徴である、と三つの点をあげている。そしてまた、追い吠えするのは止めることができないからで、多少洋犬がかかっているのではないか、とも語っている。

上尾の住む村内の在所では鉄がいたことで田畑を荒らされることはまったくなかった。一猟期に大猪二十七頭を獲ったこともある鉄は、八歳の秋、三重県南牟婁《むろ》郡木ノ本町の仲孫三郎のもとへ譲り渡されていった。そして一九三一（昭和六）年の暮、老衰がもとで不帰の猪犬となった。

三名犬の中で最も大きな体形だったのが喜一犬ハチ号である。

ハチは一九二二（大正十一）年六月、色川村滝本に暮らす谷瀬という人の家で生まれた犬である。生後二ヶ月で色川村の阪足に住む横手浅吉に貰《もら》われるのだが、日を追うごとに体が大きくなってゆく。大きくなるだけならよかったが気性も激しく、荒い犬になってきたのである。

そんなある日、上太田村中ノ川の阪本喜一は、横手が荒くて始末におえず、手を焼いている犬がいるという話を耳にする。折しも阪本は自分が飼っていた猪犬が猪に斃され、猪猟に使える犬をさがしていたところだったので、ひょっとすると譲り受けられるのではないかと考えて横手に申し入れてみたのだった。

申し出を受けた横手はハチの作出者である谷瀬の了解をとりつけてくれ、阪本はハチを手に入れることができたのだった。

「猫は噛み殺す、近所の犬は片端からやっつける。ついには知らない人に飛びかかる……体格も普通の犬の倍以上あったので、横手さんもずいぶん困っていたらしいのです」

と阪本は石原との面談で語っているから、体格が大きいだけでなく、気性の激しさも他に例のないほどのものだったのだろう。

しかし、いかに荒くれ犬とはいえ、優れた猟能を持つ犬の蔓《つる》。きっといい猪犬になるにちがいないと阪本は考えていたのである。

ハチを譲り受けた翌日、阪本は猪犬訓練の手はじめにハチを山に連れ出した。まずは山に入ることを馴れさせようと思ったのである。

「さすがは名犬の蔓だけあって喜んで山に入りました」

と阪本はいう。

ところがどうしたことかハチは山に入ったまま、なかなか戻ってこないのである。阪本はハチが旧主の横手のところへ戻ったにちがいないと思った。ハチが向こうの谷で吠えたのはそんなときだった。短いひと声。しかし鋭く、気魄のこもった吠え声だった。

四十キロばかりの猪。さして猪猟の訓練もされていない犬が、手に入れた翌日に手柄をたてようとは、阪本も想像さえしていなかった。こいつはいい猪犬になる、と阪本は確信した。

そして阪本が確信したとおり、ハチは猟経験を積んでいくほどに、優れた猟能を発揮するようになっていった。

ハチの猟芸の中で特に光っていたのは猪の痕跡をみつけ、寐屋に近づいていくときだった。必ず寐屋の下手から近づいていったのである。これはどういうことを意味するのか。

『紀州名犬語り草』では阪本の談として、

「こゝがハチのどの犬よりも良い処で猪を寐屋止めにするには必ず寐屋の下手から行かねばならない。上手から行けば早く知られて猪をどらしてしもふ。（逃げ出させるの意）」

と語られている。

吠えるときも無駄に吠えるのではなく、気魄をこめて吠え、押える。猪が動こうとするとひと声喝《かつ》を入れるように鋭く吠える。猪はそれで動けなかった。ハチはそうして主人が来るまで猪に動く隙を与えなかった。

阪本も鉄の飼い主だった上尾と同じように、猪犬の追い吠えについて、昔からいい猪犬は追い吠えをしないものであり、追い吠えするのは他の犬（洋種）が混じっているのだと語っている。

阪本が手に入れて二年目ごろからは、ハチも落ち着きをみせるようになったというが、しかし、気性の激しさ、荒さだけは変わらなかったという。

また、ハチが優れた猪猟犬だという噂を聞きつけ、千五百円とか千八百円で譲って欲しいといってくる人たちもいたが、阪本は「金は天下の回りもの。二頭のハチは作れんわい！」といって頑として譲らなかった。当時の千円といえば新築の家一軒が十分に建つほどの大金である。しかし、阪本にとってハチはそれ以上の宝であったのだろう。

阪本のところに来てから三年が過ぎた一九二七（昭和二）年の三月、激しい気性を持ったまま、ハチはわずか五歳でその生涯を、閉じた。原因は阪本が与えた猪の内臓を食べたことだったという。

第二章 「熊五郎」誕生

名犬の血

名犬の「血」とは何だろう。そんなものは「日本犬血統書」を見ればわかることだ、といわれる読者もあるだろう。が、それは正しくない。いや、正しくないというより、多少正確さを欠く。

つまり、親である犬が雄雌両方とも純粋種で、その父犬母犬の間に生まれた子犬が正しく血統登録され、血統書が発行されればその犬の純粋は証明されることにはなる。血統書には父母両親犬だけでなく、少なくとも四代前までの祖犬の血筋を記した血統欄があり、これを見るとある程度の蔓《つる》というか血筋をたどることはできるからである。

逆に、血統登録制度が確立された今日では、どれほどいい祖犬の血を持った犬であったとしても、血統登録がされていない犬は、犬としての戸籍のない「雑犬」、ということになる。

血統登録。それが今日の犬の世界であり、「名犬」の証明にもなるわけだが、しかし、遠い昔、熊五郎にも流れる血を持った祖犬もいる紀州三名犬が生きた時代は血統登録などという制度もない時代だったのだから、当然のことながら伝説の紀州三名犬は登録犬ではない。だがしかし、この犬たちが伝説となるほどの名犬、名猟犬であったことはまちがいない。

だから、名犬の「血」というのがどういうものか、どこに求めるのかというのは非常に難しいところもあるわけだが、血統書というのがひとつの手がかりになると同時に、一方では血統書に登録された犬イコール名犬にはならないともいえるのである。

熊五郎の四代前の玄祖父犬「義富犬太郎号」、玄祖母犬「橋本犬良号」、さらには曾祖父犬「イチ号」も血統登録された犬ではなかった。まちがいのない「蔓」がはっきりしていたにもかかわらず、血統登録されていなかったのである。

蛇足《だそく》ながらこの犬たちが血統登録されていなくても優れた猟能を持った紀州犬であったことは、数々の伝承や記録を見てもわかることである。

優れた猟能を持った犬であるのに、血統登録されなかったのはなぜなのか。猟犬には血統登録されることより優先すべきことがあったのである。

交雑化した町の犬が行けないような山奥で飼われている犬には血統登録された犬が少ない。そういう山間僻地《へきち》で飼われている犬のほとんどは猟犬で、姿や形がどうかということより、犬そのものはもちろん、祖犬が優れた猟能を持つ血脈かどうかがまず第一に優先されるのである。仮に姿や形を見るとしても、美しいかどうかではなく、名猟犬の系統を受け継ぐ姿形かどうか、というところが観点になるのである。

石原が古来の紀州犬の蔓を持つ猟犬を探し求め、義富犬太郎号を見出したのも、まずは太郎号の姿の中に、紀州三名犬の一頭である鳴滝《なるたき》のイチの姿を見たからだという。

しかし――。

名犬の血統を持つからといって、その血を持って生まれた後裔《こうえい》に必ず名犬が出るということは、ない。これは猟犬でも同じである。祖犬にいかに優れた猟能を持つ犬がいたとしても、その後に出る犬たちのすべてが必ず名猟犬になるわけではない。だから名猟犬というのはいい蔓を持つ犬の中から現出した稀少の犬なのだといってもいいだろう。

いい蔓を持ちながら血統登録されないまま山奥で飼われていた犬。そんなところから探し出されてきた犬を「山出し犬」という。今日、日本犬保存会の会則では山出し犬の血統登録はいっさい認められないことになっているが、しかし、今なお名猟犬の血を受け継ぎながら山間の地でひっそりと生きている猟犬もいるのではないか、と思うのだが、それは素人の憶測にすぎないのだろうか……。

が、それはともかく。

山出し犬だった太郎号を発掘し、優れた猟能を持つ犬たちの「蔓」を探し出したのは、その血脈の保存と作出に生涯をかけた石原謙の血と汗と情熱の結晶だったといっても過言ではないだろう。

しかし、こうした結晶が石原一人のところで止まってしまっていたとすれば、いかに優秀な猟能を持つ犬がいたとしても、今日、その血が後裔に受け継がれていたかどうかはわからない。加えていえば、熊五郎という名猟犬が現出することになったのは、そうした石原の熱意を共にし、あるいはその生き方や紀州犬にむける情熱的姿勢に共鳴して、古い紀州犬としてある血脈を保存し、絶えざる血を受け継ぐ犬を作出することに人生を傾けてきた人たちがいたからである。

そして、羅臼という日本の最果てに生きる紀州犬の熊五郎をめぐるドラマも、そのあたりから、始まる。

生き続ける蔓

「どうだい、いい犬だろう？　紀州犬でネ。まだ猟には連れていってないんだけど、猟犬として使えるのじゃあないかと思ってるんだよネ」

ある日、正裕は飼っていた犬を鉄砲仲間の釘宮正博に見せながらいった。「龍《りゅう》」という白毛の紀州犬だった。

正裕が龍を手に入れることになったのは、紀州犬を紹介するビデオを偶然見たことがきっかけだった。ビデオは紀州犬のふるさととして、和歌山県の龍神《りゅうじん》村を紹介するところから始まっていたが、正裕が息を呑んだのはあまりにも山深い龍神村の風景などではなく、果敢に猪と闘う紀州犬の激闘シーンだった。まさに一銃一狗《いちじゅういっく》の激闘であり、正裕は心の中で、コレダ！　と叫んでいた。

そのビデオを見たあと、正裕はさっそく猟犬として使える紀州犬を探しにかかった。そして、ある繁殖家《ブリーダー》を知り、龍を買い入れたのである。血統書がついた純粋の紀州犬だった。

釘宮に龍を見せたのは、釘宮も紀州犬を飼っていて、実際に猟にも使っているという話を聞いていたからである。それに、まだ一歳そこそこの龍が、実際にどれだけ実猟で使えるのか正裕の中でも未知数であり、猪犬を使った実猟をしている釘宮に見てもらえば龍がどれぐらい使えるか参考になるのではないかという思いもあったのである。

釘宮は大分県別府市に在住する公務員だが、正裕とは「マグノリア・プロジェクト」というライフル銃の遠射を愛好する会の同好人である。日本でライフル銃を使って数百メートルもの遠射ができる猟場は北海道以外にほとんどなく、大分では猪猟をしている釘宮も、毎年秋の大物猟の解禁になると、羅臼を訪れるのである。

その釘宮は正裕が連れてきた龍に少しばかり目をやり、

「そうですか……」

いってニコリと微笑した。

「ダメ、かなァ?」

正裕が訊《き》き返すと、

「いや、そういうわけでもないんです。紀州犬にはちがいないんでしょうけど……」

釘宮はそういってちょっと間をおき、

「中川さん、何ならウチの犬を今度、使ってみないですか」

というのである。

「ナニ、釘宮さんの飼っている犬をかい?　そうはいっても釘宮さんの犬は猪犬だよネ。けれども羅臼には体のでかいエゾシカとヒグマばかりで猪はいないからナ。シカや羆《くま》にもかけられるんだろうか……」

正裕がいうと、釘宮は首を軽く横に振り、

「いやいや、今私が飼っている犬ではなくて羅臼での猟に使えそうな犬がそのうち生まれたら、ということですヨ」

と笑った。

「ナルホド……。ということは釘宮さん、紀州犬の繁殖もやっているのかい？」

と訊いた。正裕はそれまで釘宮が紀州犬を飼っていて、大分では実猟に使っているということは知っていたが、繁殖も手がけているという話を聞くのは初めてだった。

そして、釘宮が飼っている犬の中には、五十キロを超える大猪とでも一銃一狗で闘える犬がいる話も正裕は聞いていたので断る理由はなかった。

「そりゃあぜひ、いい犬が出たら譲ってもらいたいものだなァ」

「いいですヨ。ただし、いつ出るという確約はできませんから、気長に待っていてくださいヨ」

釘宮が穏やかに笑った。いい犬が出たらとはいうものの、猪やシカにかかるのならともかく、正裕のいうとおり羅臼にいるのはエゾシカやヒグマである。ヒグマと一銃一狗で闘える犬ができるのかどうか、釘宮に確信があったわけではない。しかし、釘宮にそういわせたのは紀州三名犬といわれた伝説の猟犬の血を受け継ぐ犬の子孫の中からなら、必ずヒグマと闘えるほどに優れた猟能を持つ犬が出ても何の不思議はないという自信だったのかもしれない。

もちろんこのとき、釘宮といえども熊五郎という猟犬を作出できる具体的な計画があったわけではない。いや、仮にそんな計画を立てることができたとしても、生命の不思議という自然の摂理の前で通用するはずのないことを釘宮は十分に知っていた。

熊五郎が誕生するまでにはまだしばらく紆余曲折《うよきょくせつ》の時を経なければならなかった。


釘宮と紀州犬とのつきあいは、釘宮が十代のときに始まっている。狩猟免許を取得して猟銃を持ち、猪猟をはじめたことがきっかけだった。

日本での猪猟を見ると、ほとんどが猟犬を使う猟法である。釘宮が暮らす大分での猪猟も、猪犬を使うものだった。つまり、猪猟に猟犬は欠かせないといってもいいだろうか。

当然、猟能の優れた猟犬を持つかどうかは猟の出来、不出来を大きく左右する。いい猟犬を持つことはいい猟銃を持つのと同じことを意味するといってもいい。

そんなこともあって、釘宮は猟犬についてさまざまな角度から調べ、いい猟犬がいると聞くと全国各地へ足を運ぶこともあった。

しかし、さまざまにいる猟犬の中で釘宮が最も気持を惹かれたのは一銃一狗の犬といわれ、猪猟では比肩《ひけん》する犬はいないと評される紀州犬であった。猪猟の実猟家でもある釘宮が、紀州犬に気持を傾けていくのも当然のことだったかもしれない。

そんな紀州犬の中でも釘宮を魅了したのは古い紀州犬の特徴を持った犬であった。そういう犬には展覧会やコンテストで優秀な賞をとった犬とはまた別の、古風な魅力があった。それは賞などの得点対象に当てはまらない別の世界の魅力、といっていいかもしれない。猟犬としての気魄《きはく》と格調の高さ。それだった。

かつて名犬といわれた紀州犬には、そうした古風な魅力を持った犬も多かったが、釘宮が特に心を動かされたのは、鳴滝のイチ、義清の鉄、喜一のハチ、それに義富犬太郎号であった。そんな犬がいたことを釘宮に教えてくれたのは石原謙の著した『紀州名犬語り草』だった。

――こんなにいい猟犬たちがいたのか！

それはこれまで優れた猟能を持つ紀州犬を探し歩いてきた釘宮にとって、大きな衝撃であった。そんな名犬の血を持つ犬がいるのなら、ぜひともこの目で確かめてみたい、と思った。しかし、その一方でそんな犬の血を受け継ぐ犬たちが今なおいるのだろうか、とも思う。

石原に直接訊き、教えを乞うのが一番の早道にちがいなかったが、しかし残念なことに石原は釘宮がこの文章を目にする以前に、すでに亡き人となってしまっていた。釘宮は自分が生まれてくるのが遅すぎたというような気になってくるのだった。残された道は自分で探すことしかないと思われた。

しかし——。

石原が発掘した三名犬はすべて紀州の山奥の集落で飼われていた犬たちである。だとするとその子孫もまた山奥の集落で飼われている可能性は高い。行ってみる価値はあるかもしれないが、現地でその蔓をたどり、子孫犬を探し出す時間を考えると、現実的にはかなり厳しい。まして石原は太郎号を見出すために十年以上の歳月をかけているのだ。自分にそれだけの時間を費すことができるか、どうか。何日も仕事を休んで犬探しの旅に没頭させてくれるほど世間は甘くないことなど、考えるまでもあるまい。

サテ、どうしたものか……。釘宮は迷路に陥っていく自分を感じた。

名犬の血を継ぐ犬がいると知ったのは日本犬保存会の会報に石原が書いた「執念のみのり——色川犬の復元を希って②——」を読んでだった。名犬の子孫の存在だけでなく、その犬たちについてよく知っていると思われる人が、山奥の集落ではなく、意外にも釘宮の住む別府からそれほど遠くないところにいるらしいこともわかったのである。

石原の書いた文章には、石原が発見した義富犬太郎号が鳴滝系の犬であると確認できたいきさつが記され、太郎号の子である雄三頭と雌二頭の子犬を石原が作出したことも書かれていた。

ではその子犬たちはいったいどこへ行ったのか。そんなことを考えながら、釘宮は文中の数行に注目した。

——九州大牟田の田河輝親氏から、

「シュウネンノミノリ、オメデトウ」

の祝電を戴いた。まったくそのとおりで、今日までの苦労を知って下さる同氏にして、初めて実感溢るる祝電と拝承した。

題名も祝文も転用させて貰った。


そんな文章だった。釘宮はその文を読み、田河輝親という人が自分が住む別府と同じ九州の福岡県大牟田市に住み、石原の古い紀州犬にかける情熱を深く理解し、その苦労もよく知っているということを読み取った。

大牟田ならそれほどの時間をかけることなく行ける距離である。一度実際に訪ねて話を聞いてみたい。田河なら子犬たちの行方を知っているにちがいない。そう思うと釘宮はじっとしていることができなくなり、田河の所在を捜した。

田河も紀州犬研究家として知られる人物だったから、その所在はさして手間をかけることなく知ることができた。

そして釘宮はさっそく田河に連絡をとり、自分も古い紀州犬の猟能や風格を持つ犬を保存し、その血脈を後世に残したいと思っている者の一人であることや、そうしたことに情熱を傾けてきた石原や田河たちを尊敬し、感謝の念にたえないこと、自分も猟犬としての紀州犬を飼育し、繁殖も手がけていることなどを話した。

「ホウ、別府にそげんこつばしよンなる人のおんなっとでしたか」

田河はいった。

「で、石原先生の作出された犬は、いまどこにいるか、ご存知でしょうか?」

釘宮は本題に入ろうと思って切り出した。すると田河は、

「ああ、そン犬たちなら一頭は私が飼《こ》うとるけん……」

ナンダ、そんなことかとでもいうようにさらりというではないか。

「えッ！　先生のところに、いるのですか!!」

釘宮は欣喜《きんき》する叫び声をあげ、絶句した。

「あのゥ、もしお許し願えるのなら、その犬を一度見せていただくことはできないでしょうか……」

ていねいな言葉の中に、どうしても見せて欲しいという思いを込めて訊いた。田河は、

「ああ、よかですヨ。いつでン都合ンよかときに来なァればよか」

気抜けするほど気さくに了解してくれたのだった。

この田河との出会いは、熊五郎誕生にむけて動き出す大きな出来事になってゆくことになる。

「熊五郎」誕生

正裕の飼っていた紀州犬の龍は猟犬として使えるかどうか、依然未知数のままだった。猟犬としての簡単な訓練を試みたことはあったが、まだ山に入れるには時期尚早《しょうそう》でもあり、本格的な訓練はしていなかった。猟という場に出ていないのだから当然

かもしれないが、散歩に連れて歩いても、オヤ？　と思わせるような猟犬の猟能を垣間見せることもなかった。

「猟犬として使えなくても龍は龍でいいか」

正裕はそんなふうにも思う。これまでにも甲斐犬や秋田マタギ犬、洋犬のラブラドールなども含めると十頭ばかりの犬を飼ってきているが、まだ一頭も正裕の片腕になるような犬にめぐり会っていなかった。だから優れた猟犬がそう簡単にできるわけがないことを正裕は十分心得ていたし、釘宮が「いい犬が作出できるまで気長に待っていてくれ」といった言葉も真摯《しんし》に聞くことができたのである。

一方、釘宮のほうも正裕との約束が果たせる日が来るようにできる限りの手を尽くそうとしていた。

しかし、物事にはタイミングというものがある。仮に急いで子犬を作出したとしても、それがすべて釘宮が願う優れた猟能を持ち、古い紀州犬の特徴を見せる犬として生まれ出てくるかどうかはわからない。それがわかるのは人智の及ばない神の世界のことだった。だが、いつかは必ず出るはずだ、という確信のような強い思いが釘宮にはあった。そんな思いを生むきっかけを作ってくれたのは大牟田の田河輝親だった。

釘宮は田河に初めて連絡をとったあの日のことをふと思い出すことがあった。

田河と連絡をとったあと、釘宮は自分が飼っている一頭の紀州犬のことを思っていた。狩姫号という一歳未満の雌犬で、愛知県一宮市に住む佐分《さぶり》という紀州犬研究家が作出した紀州犬だった。

まだ若い雌犬でありながら、古い紀州犬の特徴をよくあらわした犬だった。釘宮は田河を訪ねる折にこの狩姫号を連れて行き、田河に見せたいと考えたのである。もちろんそれは田河に犬の優劣を判断してもらおうということではない。狩姫号は自分の願っていることを具現したような犬だという自信があってのことだが、田河ならコンテストや展覧会で犬を見る目線ではなく、古い紀州犬の特徴を持つ犬を残したいという想いを理解したうえでの価値観で見てくれそうな気がしたのである。

一九八六（昭和六十一）年の晩春。田河と面会する約束をしたその日、大分の別府から福岡の大牟田まで、久大本線と鹿児島本線を乗り継げば特急で三時間ばかりで行けるところを、時間のかかる車を使うことにしたのは狩姫号を連れていくためであった。最短コースをとったもののルートはほとんど山越えで、大牟田に入ったときには約五時間が経過していた。

田河のほうも釘宮の来訪を心待ちにしてくれていたようで、

「疲れなァったじゃろ？　マ、一服してそれから話ばすればよかでしょう」

と歓待してくれたのだった。

しかし、一服する間も惜しむように、石原が太郎号と良号の間に作出した犬を見せてもらうように頼むと、田河はすぐに釘宮を犬のところに案内してくれた。

イチという名の雄犬だった。

「この犬が……！」

釘宮はイチを見た瞬間、いつか写真でみた鳴滝のイチに似ている、と思った。いや、似ているというより、鳴滝系の犬の特徴が実によく出ていることに驚いたのである。

「アンタの気のすむまで見ておればよか」

田河はそういって楽しむように笑った。

田河は気骨のある風貌ながら、温かな人柄が滲《にじ》み出ているような人物であった。そして一旦犬のことを話し出すと、とどまるところを忘れたように続いた。もちろん釘宮の知っている話もあったが初めて聞く話も多く、経験と蘊蓄《うんちく》に裏付けされた大先輩の話を血肉に沁み込んでいくような気持で聞き入った。

話を聞きながら釘宮は自分が連れてきた狩姫号を見てもらう機会を捉《とら》えようとしていたが話がとぎれず、なかなかいい出すことができなかった。

その機会はお茶をひと口飲み、田河が一瞬間を置いたときだった。

「ウチの狩姫号を見ていただけませんか?」

釘宮はいった。

「そうじゃったネ、犬ば連れて来《き》よんなったけん、見せてもらわんばいかんネ」

田河はそういって鷹揚《おうよう》に笑った。

田河はウムという表情で腕組みをし、おとなしく伏せている狩姫号を、しばらく黙って瞶《みつめ》ていた。観察する目でも点数評価しようとする目でもなく、もちろん犬の値ぶみをするような目ではなかった。厳しい光をたたえた目でありながら、その奥には犬にかけてきた深い情熱のようなものがあふれていた。

「一歳未満、じゃったネ……」

おもむろに田河が口を開き、

「大きゅうなればまだまだよかところの出てきよっとかもしらんナ」

ボソリと独り言のように呟《つぶや》き、目尻に柔和な微笑を泛《うか》べた。

そして帰り際、

「田河先生……先生のところのイチは、雄ですよネ。ウチの狩姫は雌ですから、いい時期が来たら交配させていただくことはできんでしょうか?」

釘宮は心の底に蠢《うごめ》いていた想いを、しぼり出すようにいった。

私利私欲ではない。それはこれほど古い紀州犬の特徴を持つ犬の血脈を何としてでも残したいという釘宮の、紀州犬にかける熱意から出た言葉だった。この機会を逸《のが》したら貴重な血脈は跡絶え、絶滅するかもしれない。そんな危機感のようなものが釘宮にそういわせたにちがいない。

しかし、

「……」

田河は答えなかった。何かを考えているようでもあったが、別のことに想いをめぐらせているようにも見えた。

「釘宮クン、マ、またいつでも来ればよかたい。狩姫がどんなふうによか犬になるか、楽しみにしよるけん」

「ハイ、ありがとうございます。またいろいろ話を拝聴させてください」

釘宮はそれ以上執拗に交配のことは口にせず、田河の家を辞した。

ところで、今は廃止されたが当時、日本犬保存会には予備登録という制度があり、狩姫号は予備登録された紀州犬だった。田河の飼っていたイチはいわゆる無登録犬だったが、しかし登録されていないだけでその蔓《つる》は確証されている。しかも紀州三名犬といわれた犬の血を受け継いでいるのである。釘宮にはその血脈をきちんと残していくためにも、交配を実現させたいという想いがあったにちがいない。

釘宮はその後も何度か田河を訪ねたが、交配の話は一度も出なかった。思いもよらない機運が訪れたのは、狩姫号が二歳を少し過ぎたころのことだった。犬は人間の約五倍で年を重ねるといわれる。二歳を過ぎた狩姫号も雌犬ながら逞《たくま》しくなり、猪の実猟でもいい猟能を見せるようになっていた。

そんなある日、釘宮は成長した狩姫号を見てもらおうと田河を訪ねた。

「狩姫号を連れて来たとかネ。どれ、見せてもらおうか」

開口一番、田河はいった。そしてひと目狩姫号を見るなり、

「ウン、こん犬はよか犬になったネ!」

嬉しそうにいった。

「釘宮クン、こん犬ならウチのイチば交配させてンよか!」

釘宮が待ちに待った言葉だった。

「よか血脈ば残していかんと、日本犬も終りになるばい……」

田河が呟いた。その言葉は釘宮の想いを代弁するものでもあった。

田河の承諾で交配の適正期を待ち、イチと狩姫号を交配させることは決まった。適正期というのは人間でいえば排卵期とでもいえばいいだろうか。犬の場合、雌犬が最

初に出血してから二週間前後が妊娠適正期だといわれている。

ただ、犬も人間と同じで相性というものがある。いかに適正期ではあってもすべてが順調に運ぶわけではなく、どちらかが相手を拒否することもあるのである。こんな場合は強制的に交配させることもあるという。こういう方法は強制交配といわれ、ごく自然に行われる交配を自然交配という。

あの義富犬太郎号の場合など、交配の場所に連れて行く途中に昂《たかぶ》り、舗装した林道の路上で何の手を下すことなく自然に交配した、と石原は書いている。相手の良号も嫌がらなかったようだから、相性がよかったのだろう。

イチと狩姫号も相性を見るために同じところに入れてみたが、お互いに牽制する素振りもみせず、相性的には支障はなさそうであった。

そして適正期を迎え、イチと狩姫号は再会した。イチが太郎号の旺盛だった血を受け継いでいるからでもないだろうが、イチもまた機を待っていたかのように手間をかけず、狩姫号との交配は終わった。

こうして生まれた子犬の中から、釘宮は一頭の雄犬を譲り受ける。熊五郎の祖父犬「田河のイチ号」である。イチと狩姫号の間にはもう一頭雌犬が生まれているが、この犬は狩姫号を作出した一宮市の佐分のもとへ引きとられ「佐分のイチ」となるが、後にこの雌犬は佐分の飼っていた「久狼号《くろう》」と交配し、熊五郎の祖母犬「奈留号《なる》」を生むことになる。

さて、熊五郎の誕生はここからである。

熊五郎の父犬は「老松伽藍号《おいまつがらん》」という釘宮が作出した犬だが、この犬は田河のイチとその母犬である狩姫号を交配させてできた犬である。

つまり親子交配。いうところの「近親繁殖《インブリード》」である。血脈の純粋度を保つために、こうした作出方法がとられることもあるのである。

この田河のイチと狩姫号の間にはもう一頭老松伽藍号の兄弟である「老松内山号《おいまつうちやま》」がいるのだが、この犬と先に書いた奈留号の間に生まれたのが熊五郎の母犬となる「凛嶺号《りんれい》」である。

一九九五（平成七）年一月二十五日、熊五郎は老松伽藍号を父とし、凛嶺号を母として大分の地で、兄弟姉妹である「熊姫号」とともにこの世に生を享《う》けるのである。

最果ての地へ

昨夜《ゆうべ》の地吹雪が嘘のようによく晴れた日のことだった。釘宮から子犬を贈るという連絡を受けた正裕は午後四時過ぎ、飛行機の到着時間を見はからって車で根室中標津《ねむろなかしべつ》空港へむかった。熊五郎が誕生してから四十五日目の三月十一日のことだった。

犬は貨物扱いで送られてくるから、受け取るのは空港貨物である。

「あの、犬が来てるはずなんですが」

正裕が係員にいうと、

「ああ、来てますヨ、ちょっと待ってください、持ってきますから」

係員はそういって奥の部屋に行き、さほど待つ間もなく、小さな檻《ケージ》のようなものを持ってきた。

「何だかめんこい犬ですネ、何犬ですか？」

係員は檻の中で嬉しそうに尾っぽを振っている子犬を見て微笑した。

「紀州犬なんだけどネ」

「紀州犬?!　あの猪を斃《たお》すという猟犬でしょう、そりゃすごい。でも、めんこいなァ、きっとみんなに可愛がられますヨ」

どうやら犬好きらしい係員はそういって、正裕から手書きの書類を受け取った。

正裕は檻から子犬を出し、持ってきた段ボール箱に入れ替えようとして抱きあげた。

子犬は正裕に抱きあげられると、ほんの少しの間正裕の顔を見、それから嬉しそうに尾っぽを振って手や顔をペロペロと舐《な》めてきた。

——なんだかブルドッグみたいな顔してるナ、おまえは……

それが熊五郎と対面した正裕の第一印象だった。人懐《なつ》こい犬のようではあるが、しかしワンともクンともなかず、犬はなくものだと思っていた正裕の想像とは少しちがった。

段ボールに入れて助手席に載せ、車が走り出しても熊五郎は温和しく、ゴロリと横になって羅臼に着くまで眠り続けた。

——釘宮さんは自信があるから送ってよこしたのだろうが、この犬が本当に猟に使えるんだろうか……

正裕は段ボールの中で心地よさそうに眠り続ける熊五郎を見ながら思った。

一頭の犬を作出する。それも釘宮が願うように、古い紀州犬の特徴を持ち、その血脈を受け継ぐ犬を作出するのは並たいていのことではないにちがいない。遺伝因子というのはやっかいなもので、いい血脈の犬同士を交配させたからといって、すべての子犬に優性の特徴が出るとは限らないのである。

ましての猟能というのはいたって内面的なものは見た目にはわからないのである。熊五郎という一頭の犬を生むために、釘宮には筆舌に尽くし難い試行錯誤があったにちがいないが、それはさておき。

別府でも夜は氷点下になるほど寒い日の午前中に、凛嶺号は雄を一頭、そして夕方に雌を一頭出産した。普通、犬は一回の出産で六頭とか七頭とか数頭の子犬を生むことが多いが、凛嶺号が生んだのはこの二頭だけであった。

——おまえたちが古くから繋《つなが》ってきた紀州名犬の血の担い手になるんだぞ。丈夫でいい猟犬になれヨ……これで羅臼での約束は果たすことはできるだろう。あとは血統登録しておかなければいけないナ。

釘宮は母犬の凛嶺号に抱かれて眠る二頭の子犬を見て思った。

先にも少し書いたことだが、熊五郎の祖にいる田河のイチ、狩姫号は予備登録の犬だった。しかし、紀州三名犬といわれるような名犬の血脈をきちんとした形で残すとすれば、正式に血統登録することは重要なことだと思われた。名実ともにその血脈が証明されることになるからである。

田河のイチと狩姫号の間に子犬を作出したとき、この子孫犬たちは何としてでも血統登録しておいてやらなければならない、と釘宮は強く思った。つまり、どれほど優れた血統を持っていても今の時代では血統書がないというだけで何の評価もされず、雑犬扱いされることが多い。だとすればその命脈は細くなるばかりで、その先に待っているのは絶滅という悲しい現実でしかない。

石原をはじめ多くの先輩たちによって発掘され、永々と受け継がれてきた優秀な血脈を絶対に絶えさせるわけにはいかない。

そんな強い思いが釘宮を突き動かしたのである。釘宮は強い意志を固め、この犬たちが正式に血統登録できるよう奔走した。

そして半ば不可能と思える障害に何度も突き当たりながらも、老松伽藍号や老松内山号、奈留号などを血統登録に持ち込むことができたのだった。

血統登録に至ったのは祖犬が山出し犬ということなどで多数の難色を示されながらも、釘宮の意見や考えに共鳴してくれる人たちもいたからだが、釘宮の登録を最後に日本犬保存会の会則は改訂され、山出し犬の登録はいっさい認められなくなったという。

熊五郎の血統書には本名の「熊吠《ゆうほう》号」という犬名とともに、生年月日、その犬を作出した犬舎号、犬種、性別、毛色、作出者、登録番号、それに四代前までの祖犬名が明記されている。その四代前の玄祖父母名には、太郎号と良号の名が、ある。

さて、凛嶺号が二頭の子犬を出産すると、釘宮は登録名の希望があれば連絡してほしいということを加えて正裕に報告した。

正裕は釘宮から連絡を受け、妻の正子やホテルの専務をしている義姉の斎藤光子たち家族全員と相談し、全員一致で決まったのが「クマ」という名だった。それは以前飼っていた甲斐犬と同じ名前だった。いい猟犬になりそうな気配はあったのだが、ある日、勝手に家を出て散歩に行き、近所の飼犬と喧嘩をして負け、それが原因で死んでしまった犬だった。あのとき、きちんと散歩に連れていったり、もっと温くしてやるなどもう少し情をかけておけばいい犬になったのかもしれないのに可哀そうなことをしたものだ、という思いが全員にあり、今度飼う犬はクマという名にしようという意見が固まっていたのである。

もちろんその甲斐犬をないがしろにして飼っていたわけではない。むしろどこにでもある普通の飼い方である。しかし、原因が喧嘩で敗れたというところが不憫《ふびん》だったのである。

「クマ、という名はどうかと思うんだが」

正裕がいうと、

「クマ、ですか。愛称《ニックネーム》としてはいいと思いますが……」

釘宮はそこでちょっと黙り、

「中川さん、登録名は熊という字を入れて、熊が吠える、いや、熊に吠えると書く熊吠号というのはどうですか」

といった。

「ユーホーゴウ、か。いい名だネ」

ちょっと難しい呼び名だが登録名としては申しぶんない名に思え、正裕は気に入った。こうして熊五郎の「熊吠号」という登録名が決まったのである。

さて、空港で熊五郎を引き取り、羅臼に着いたのは午後七時少し前だった。外はまた雪が舞いはじめていたが、熊五郎は少しも寒そうな気配を見せなかった。正裕は熊五郎を段ボール箱に入れたままホテルの事務室に連れていった。

そして段ボールを事務所の床におろすと熊五郎はやっと目がさめたように起きあがり、大きく四肢を伸ばして、ブルルと体軀《たいく》をふるわせた。それから段ボール箱の縁《ふち》に前肢《まえあし》をかけ、器用な仕種で外に這い出した。

外に出た熊五郎は動こうとせず、じっと立ったまま観察でもするように、室内のあちらこちらに目を向けるのだった。

「何キョロキョロしてるのさ。何だかみったくないねェ、おまえは。くしゃくしゃな顔してさ」

光子がそういって熊五郎を抱きあげると、熊五郎は激しく尾っぽをふり、目、鼻、口、頬と顔中ペロペロと舐める。

「ホント、人なつこいナ、ブルドッグみたいな顔して、まるで愛玩犬《ペット》だ」

正裕はそういって笑った。この犬が本当にヒグマにも怯《ひる》まないほどの猟犬になるのか、どうか、正裕にはわからなかった。しかし、仮に猟犬として使えなくても、ホテルの愛玩犬として飼ってもいいナ、と思うのだった。

昼行燈《ひるあんどん》

空港から熊五郎を連れて帰ったその夜、事務室からホテルの裏にある自宅へ運んで下におろすと、熊五郎は何の躊躇《ちゅうちょ》もみせず、まっすぐに居間に歩いていった。勝手知ったる他人の家どころではなく、もう何年も暮らして隅から隅まで知り尽くしているといった感じだった。

居間に入った熊五郎は部屋の真中へ行き、ゴロリと寐そべった。そんな熊五郎の動作を部屋の隅からじっと瞶《みつめ》ている目があった。龍だった。

龍は熊五郎が寐そべったのを見ると、ゆっくりと立ちあがり、熊五郎に近づいた。

「ほらほら熊五郎、先輩にあいさつしないと怒られるぞ」

正裕がいったそのとき、龍がいきなり熊五郎に噛みついたのである。いや、噛みついたように、見えた。

「あッ！」

正裕は思ったが、よく見ると龍は急所を外し、熊五郎の首の上を咥《くわ》えていた。そして、ひょいと熊五郎を咥えあげ、自分がいままで座っていた寝床に連れていったのである。

「ソコハオマエノ席デナイ。オマエノ席ハココダベ」

そういっているような仕種だった。咥えられた熊五郎も嫌がるふうもなく、龍にされるがままである。それどころかいつの間にか熊五郎は龍に抱かれ、心地よさそうな寝息をたてて眠っていたのである。

正裕は礼を込めて熊五郎が無事羅臼に到着したことや初めて見た熊五郎の印象などを記して釘宮に報告した。そして釘宮から来たその返書には、

「仔犬、無事到着し一安心いたしました。夜も泣かずに両犬とも過ごしたとのことでホッとしています。

ご指摘のように現時点での仔犬の顔付きは、まるでセントバーナードの様な感じ

（特にオス）ですが、これが我が家の犬の特徴です。オス、メス共、今は鳴滝系の表情を出しています。成長するにつれ、古風な渋さを秘めた古武士の風情を漂わせる顔貌へと変ってゆくはずです。古い血を今に伝える有色紀州犬の落ち着いた深い魅力を発揮してくれるのではと私も期待しています」

と書かれていた。古風な渋さを秘めた古武士の風情を漂わせる顔貌というのがどんなものか、正裕には想像できなかったが、その可能性があるというのは大きな楽しみになった。

しかし、そんな熊五郎の風貌に変化が見えてきたのは羅臼に来て数ヶ月が過ぎるころだった。犬の成長は早く、体格も日に日に大きくなってくるようだった。風貌は羅臼に来たときのようなブルドッグやセントバーナードを思わせるくしゃくしゃしたところが消え、逆に奇妙に思えるほど面長で、

「なんだかロバみてだナ」

といわれるような犬になっていた。が、よく眠り、家族の者はもちろんホテルに来た客にも愛想よく尾っぽを振り、誰彼区別せずペロペロ舐めまわす愛嬌はあいかわらず変わらなかった。それに事務所にいるときの熊五郎はいつの間にか客用のレザー張りのソファを占拠し、自分の昼寝場所にしてしまっていた。そんな熊五郎の姿を見て、

事務所を訪れた客たちは、

「熊五郎は昼行燈《ひるあんどん》だネ」

といって笑った。

正裕が羅臼の住人から一本の電話を受けたのは、そんなある日のことだった。

「第一ホテルかい？　お宅、たしか白い犬さ飼っていなかったかい？」

と電話の主が訊いた。

「ああ、いるヨ。龍だ……」

「そうか、したらやっぱしそうだべ。阿寒バスの近くの道路で白い犬が車に刎《は》ねられたんだけど、その犬でないかい？」

「……！」

正裕は読みかけていた書類を机の上に投げだし、車を駆ってすぐに教えられた現場へ走った。

「あッ、龍ッ！」

道の傍らで数人が白い犬を取り囲んでいるのを見て、正裕は叫んだ。龍は蹲《うずくま》り、哀し気な目をして正裕を見上げた。交通事故だった。

龍がまだ生きていることがわかると、正裕は着ていた上着を脱いで龍をくるみ、その足で中標津にある動物病院へ走った。

龍は生命はとりとめたものの、しかし、二度と四肢で立つことはできなかった。

龍は下半身不随になったが、龍に接する熊五郎の態度はまったく変わらなかった。たとえば家にいるとき、陽当りのいいところに熊五郎が寐ていると、龍が前肢だけを使って体をひきずり、寄ってくる。するとその気配を察した熊五郎はさっさと立ち上がり、移動する。熊五郎が餌を食べているところに龍が割り込んでくると、

「ナニサ、食ベタイノカイ？　イイヨ、ナンボデモ食ベナサイ」

とでもいうようにあっさりと譲ってしまうのである。龍が母がわりになってくれているのがわかっているのではないか、と思えるような仕種だったが、一度も唸《うな》るようなことはなかった。

情を心得た犬。もしそんな犬がいるとするなら、熊五郎は情という内面の世界をも理解する犬といっていい。

熊五郎が羅臼に来て二、三年後、熊五郎よりは歳下ながら血統的には伯父犬になる「亜留《ある》」という紀州犬を正裕は飼っていたのだが不幸なことにこの亜留も二〇〇〇（平成十二）年三月、車に刎ねられてこの世を去っている。

犬の散歩は正裕の役で、熊五郎や亜留を散歩に連れて出るのは日課にもなっていた。

亜留はいってみれば遊び相手だったから熊五郎も喧嘩をすることなく、散歩を楽しんだのである。

その亜留が死んで一週間ばかりが過ぎたころ、正裕は久しぶりに二頭を散歩に連れて歩くコースを歩いてみた。その途中のことだった。亜留が残したほんのわずかな痕跡をみつけた熊五郎が、本気になって亜留を探しはじめたのである。

一時間も二時間も、春先の残雪の中を、今までに見せたことのない強大な力をふりしぼって正裕の持つ綱《リード》を引っぱるのである。

「熊五郎、いくら探してももう亜留はいないんだぞ、諦めないと……」

いっても諦めなかった。

結局、熊五郎が哀しく、寂しそうな目をして諦めたのは、日が傾こうとするころだった。

第三章　エゾシカとの闘い

宿命の糸

人に宿命というものがあるとするなら、犬にもまた宿命というものがあるのかもしれない。熊五郎は生後四十五日ほどで生地の大分県別府市を離れ、最果ての地である知床の羅臼で暮らすことになる。猪犬の血を受け継ぐ紀州犬でありながらその相手は猪ではなく、エゾシカやヒグマである。生地の別府でそのまま暮らしていれば、あるいは猪と闘う猟犬として一生を過ごしたかもしれない熊五郎が、猪の棲息《せいそく》しない最果ての地で、一度も猪を見ることもなくエゾシカやヒグマと闘うことになったのは、熊五郎の持つ宿命だったといえばいいのだろうか。

北海道に棲息するエゾシカは系統的にはニホンジカの一種といわれるが、本州などに棲《す》むニホンジカなどと較べて圧倒的に体軀《たいく》が大きい。つまり、ニホンジカではあるが北海道の地方種というわけである。私が初めて目の前でエゾシカを見たのは二十年ばかり前のことだが、いちばん驚いたのはその体軀の大きなことだった。それまで私が知っているシカといえばせいぜい奈良公園のシカぐらいのものでむしろ愛らしい生きものとしてうつっていた。が、子牛ほどもありそうなエゾシカには威圧感というか、野生動物の持つ独特の強迫感のようなものを感じたのだった。

エゾシカは原始の時代から北海道に棲息していて、先住民族であるアイヌの人びとの重要な食料になっていた。いや、食料にしただけではなく、暮らしの中に多分に利用されてもいたのである。第一次南極観測隊で使われたカラフト犬タロ、ジロの育ての親でもある犬飼哲夫農学博士は、その著『北方動物誌』で「シカ肉ばかりでなく、シカの毛皮はアイヌの人達の衣料や寝具に使われ、脚の部分の固い毛皮は、防寒靴《ぐつ》に作られた。さらにシカの角や骨は、鉄の代用品で、角の鉤《かぎ》状になった部分は、鍬《くわ》の代わりで、野草の根を掘りおこしたり、ヒエやアワを作る時に使われた。角は矢先に使われ、スネの堅い骨は、鋭く削ってクマを捕る時の槍先にした」と書いている。アイヌの人たちにとって、エゾシカは暮らしに欠かせないほど重要な価値を持っていたにちがいない。そしてそのころの北海道にはちょっと歩けばエゾシカに出会うといっていいぐらいに多く棲息していたのである。

ところで、北海道のエゾシカは毎年雪の季節になると、雪の多い地方から少ない地方に移動するといわれる。羅臼のエゾシカがどうするのかはわからないが、正裕が面白い話を聞かせてくれた。狩猟解禁のころになると狩猟区にいたエゾシカの多くが、禁猟区になっている国立公園指定地域の中に〝避難〟するというのである。それが本当らしいと思ったのは、鳥獣保護員でもある正裕たちが、国立公園内にいるエゾシカの棲息状況と棲息数の調査に同行したときのことである。

夜の闇にライトを照らし、その光が捉《とら》えたエゾシカを個体別にカウントするのだが、ライトが照らし出す光の先に次つぎとエゾシカの姿が浮かびあがるのである。二、三頭から十数頭まで大小の群れがぞろぞろと出てくる。さらには車のヘッドライトの先に、堂々と路上を歩くエゾシカの姿もある。一時間ばかりのうちにおよそ百頭近いエゾシカを見たのではないかと思う。

「それにしてもたくさんいますねェ……」

私があっけにとられたようにいうと、

「昔は官営のシカ肉缶詰工場もあったというからもっと多かったのかもしれないヨ」

正裕はいうのだった。

北海道に官営のエゾシカ肉缶詰工場が設けられたのは一八七八（明治十一）年のことである。シカ肉が缶詰にできるほど棲息数が多かったのである。しかし、この缶詰は明治十三年以降、製造中止となる。明治十二年、北海道は天明年間の大雪以来の記録的大雪に見舞われ、いたるところでエゾシカも餓死し、棲息数が減少したからである。その後もエゾシカは減少し続け、絶滅の危機が叫ばれるまでになり、明治二十二年には北海道のエゾシカ猟は全面禁猟にされることとなる。そんなことがあってから一部で有害駆除による特別許可が出されることもあったが、一九二〇（大正九）年に再び禁猟になってからは、北海道にエゾシカがいたということすら人びとに思い出されることもなくなっていた。

しかし、減少したとはいうもののエゾシカは逞《たくま》しく生きていた。人びとが気にもとめなくなっているうちに少しずつ棲息数を回復させ続け、人びとが気がついたときには農作物に大きな被害を及ぼすほどになっていたのである。

それまでの禁猟が解かれることになったのは禁猟から三十二年が過ぎた一九五二（昭和二十七）年、日高地方の様似《さまに》にエゾシカの猟区が設定されてからのことである。そしてその後もエゾシカは棲息数を増やし続け、全道的にその棲息域を広げてゆく。今日では絶滅の危機が叫ばれた時代があったことなど嘘のように増え過ぎが伝聞されるほどになっている。もっとも開発が進み、市街地化したところにまで棲息域が広がったというわけではない。羅臼では国道に面した民家のすぐ裏山の斜面でエゾシカの群れを見ることもできるが、これはいかに北海道とはいえ特殊な例というべきで、市街地でエゾシカの姿を見ることができるようなところはまずないといっていい。

また、広島県の安芸《あき》の宮島や奈良公園では放し飼いにされたニホンジカが、人の手から餌をもらって喰《は》む姿が観光名物にもなっているが、羅臼のエゾシカは野生味が強いのか市街地に出てくるシカであっても、人の手から餌をもらって喰むようなシカはまずいない。

もうひとつ、奈良公園のシカは毎年秋になると一堂に呼び集められ、人の手で角を切り落とされる。この「角切り」という行事は春日大社の秋の風物詩としてもよく知られているが、では野生のシカの角はどうなっているのだろうか。成長していくにしたがって枝分かれし、角も大きくなっていく、というのではない。実はシカの角は毎年春になるとポロリと落ち、また新しい角が生えてくるのである。落ちた古い角は文字通り落ち角というが、シカの棲息する山ではこういう落ち角を見かけることがある。もちろんこれはエゾシカも同じである。角が生えるのは雄ジカであり、雌には生えない。雄ジカの角は武器であり、闘いのときには鋭い凶器になるのである。奈良公園のシカの角が切られるのはシカの発情期が秋であるため、気持ちを亢《たかぶ》らせたシカが人にケガをさせないようにということで落ち角になる前に人工的に切り落とすのである。

余談だが自然に古い角を落とした雄ジカの頭には新しい角が芽生えてくる。まだ角になる前の瘤《こぶ》のような塊《かたまり》は袋角と呼ばれ、中国などでは昔からこの袋角を干して「鹿茸《ろくじょう》」という高価な漢方薬が作られている。

さて、現在のエゾシカ猟はほとんどが猟銃を使う猟法だが、その昔、アイヌの人たちは犬を使ってシカ猟をしていたという。犬飼博士の『わが動物記』には、道東の阿寒にある屈斜路《くっしゃろ》あたりに暮らしていたアイヌの人たちのエゾシカ猟の話として、

「そこのアイヌたちは鹿がほしいときに、男はこっちにかくれていて、女や子供が犬をつれて、反対側の鹿のいそうな丘を遠まきにするのです。

決して急いではダメだそうです。徐々に、あまり声を出さずに、その半島の方へじりじりと鹿を追いつめていくのです。そのアイヌの話では、声なんか出しちゃいかんから、エヘンとセキばらいをするのだそうです。そうして追うと、鹿がゾロゾロ半島へ入ってくる、というのです。

いよいよ半島へ追いつめて、最後までいったとき犬をけしかけると、鹿が屈斜路湖の中へとびこみます。鹿はいくらか泳ぎますから、その瞬間をめざして、こちらから男たちの乗った丸木舟が行って、水の中で撲殺《ぼくさつ》するのです。だから、犬さえあれば猟具もなにもいりません」

と書いている。その犬は今でいう北海道犬ではなかったかと想像するが、アイヌの

人たちも猟に犬を使っていたことがわかる。

しかし、それは私の知っている紀州犬熊五郎のエゾシカ猟とはあきらかにちがっている。猟犬としての天分もあったにはちがいないが、熊五郎の受け継いできた血脈の中にはエゾシカやヒグマと闘うときのマニュアルになりそうなものはほとんどない。天分に加えて自らが模索しながらエゾシカやヒグマとの闘いを覚えていかなければならなかったのは、熊五郎の宿命でもあったのだろうか。はたして熊五郎は何を見、何を考え、エゾシカ猟を体得して成長したのか……。

吠え犬との闘い

熊五郎は生まれたときからおとなしい犬であった。動作がそうだというのではなく、散歩に連れて出たときなどには疲れることを知らないかのように走り回り、帰りを促《うなが》してそばに寄ってもスルリと正裕の手を巧妙にすり抜けて駆け回るのだった。

「このやんちゃ犬が！」

と正裕が手を焼くこともしばしばだったがしかし、家ではほとんど吠えたり唸《うな》ったりしないのである。それでも子犬のころにはごく稀に甘え声を出すことがあったから、ないたり吠えたりできないわけではなかった。

自分のほうから吠えたり唸ったりしないのは、他の犬に対しても同じだった。それどころか他の犬がかまいに来ても、遊んでもらっているのと勘ちがいでもしたように喜んでじゃれつき、喧嘩にならない。結局は相手の犬のほうが嫌気を持ってかまうのをやめてしまうのだった。そんなときの熊五郎はキョトンとし、

「何サ、モウ終リナノカイ？　モット遊ンデクレナイノカイ？」

という顔をして相手の犬を見るのだった。

熊五郎が羅臼に来たときには、すでに自分より先に暮らしている犬たちが何頭もいたから、熊五郎は犬の中では新参者である。つまり、散歩ひとつするにも道路を歩くにも、他の犬の縄張り《テリトリー》を侵していることになる。

どうやら犬の世界にはある意味で人間の世界より厳然とした縄張りがあるようで、熊五郎の臭いを嗅ぎつけたり姿を見つけたりすると、凄まじい勢いで吠えかかってくる犬もいたのである。弱い犬は決して強い犬の縄張りを荒らさない。弱い犬はいくら綱を引っぱっても嫌がって強い犬の縄張りの中を歩かない。まさに弱肉強食の世界であり、特に町にはそんな犬の世界の縄張りが厳格にできあがっているようであった。

しかし、熊五郎は他の犬がどんなに唸って威嚇《いかく》されようと吠えかけられようと、ま

ったく動じる気配がなかった。もちろんそんな威嚇に対して挑戦的に歩いているわけではなく、むしろ縄張りがあることなど知らないかのように、飄然《ひょうぜん》と歩いていくのだった。

仮に熊五郎にかかってくる犬がいても、熊五郎は巧みに組み合い、まるでじゃれつくようにしながら相手の犬を退散させてしまうのである。そんな熊五郎を屈服させようと、時には二頭、三頭で徒党を組んで襲ってくる犬たちもいたが、熊五郎はそれでも本気になることはなく、むしろ喜んでいるようにしてじゃれつき、ついには排してしまうのだった。

しかし、中にはそんな熊五郎を絶対に許せんという態度で接してくる犬もいた。新参者のくせに何だ、というわけである。

ホテルから少し海側に下った町の近くで飼われていたハスキー犬もそんな一頭だった。体軀も大きく、どの犬が挑んでも押えつけられ、他の犬からも恐れられている犬だった。

そのハスキー犬が熊五郎が通るたびに、敵愾心《てきがいしん》をむき出しにして吠えかかるのである。親の敵《かたき》とでもいうように、繋いである綱が今にも引きちぎれるのではないか、と思えるほどの激しい吠え方である。それでも熊五郎にはいっこうに動じる気配はなか

ったから、ハスキー犬の吠え声はますますエスカレートするばかりで、その吠え声を聞けば近所の人も、

「また熊五郎が散歩してるんだべ」

とすぐにわかるほどだった。

熊五郎が六ヶ月になるころのことだった。正裕はいつものように熊五郎を散歩に連れて出ていたのだが、何を考えたのか熊五郎が隙を見て綱をふりほどき、吠えかかるハスキー犬のほうに走り出したのである。

いかん！　と思ったときにはもうハスキー犬が熊五郎に襲いかかっていた。が、熊五郎は正裕の危惧《きぐ》をよそに、いつものように遊んでもらっているかのようにじゃれついていく。

「クマ、やめろ、離れるんだ！」

正裕は叫んだが熊五郎はハスキー犬を相手にヒョイ、ヒョイと組み合っている。何度も押えつけられそうになりながら、そのたびに巧妙にスルリと抜ける。そしてまた襲いかかられる……。正裕は何とか熊五郎の綱を拾い、離そうとするのだが、ハスキー犬の動きがあまりにも激しく、摑むことができなかった。熊五郎のほうにも離れる様子はなく、なす手はないように思われた。

正裕は二頭の犬が組み合うのを見ながら、綱を拾うチャンスをうかがった。そしてハスキー犬が熊五郎に飛びかかろうとしたときだった。

「危い！」

叫ぶと同時に正裕は流れ出た熊五郎の綱を手にし、熊五郎をハスキー犬から引き離した。その組み合いの間、熊五郎はひと声も吠えなかった。唸りもなきもしなかった。しかし、さすがに荒い息は吐いていた。が、それでも何だかもの足りないとでもいう目で正裕を見上げた。

「何やってるんだ、熊五郎。殺《や》られていたかもしれないんだぞ！」

正裕が厳しく叱ると、

「ナンモサ、デモ心配カケテスマンカッタ」

とでもいうように身を縮めた。

それにしても危いところだった、と正裕は思う。そして同時に、家にいるときの愛玩犬のように愛想のいい熊五郎とはまったくちがう一面を見たような気もしていた。どの犬も恐れをなし、屈服させられる猛犬に敢然と立ちむかう勇気。体格もちがえば闘争経験もまったくちがう犬にかかっていくのは敗北の見えた闘いといってもよかった。熊五郎の体重は二十四キロほどになっていたが、ハスキー犬からするとずっと小さい。どう贔屓目《ひいき》にみても勝ち目があるはずがなかった。

もう少し闘いが続いていれば熊五郎も押えつけられ、屈服させられていたかもしれない。そうではありながら、あきらかな敗北の闘いに挑んでいくというのは、まったくの世間知らずか無謀な大バカか……。

正裕が引き離したことで熊五郎は事無きを得たが、こうした敗北経験が犬の記憶に潜在意識として残り、行動が抑制されることになれば猟犬としてはもちろん、闘うこと自体を拒否し、恐れる犬になることも考えられる。

正裕はもう少しすると熊五郎も猟訓練をしなければ、と考えていたのだが、それをひかえていたのは、釘宮から、

「羆の解禁日には熊五郎は八ヶ月になっていますので、羆猟に使い始めてもよいと思います。但し、それまでは無理に羆には当てないで下さい。プラス面よりマイナス面の方が大きいと思います。もし熊吠号や熊姫号が良い犬になる素質をもっている犬であれば二歳位まで番犬として飼われ、山へ行ったことがなくても、初めて猪や羆に出会ったときに、ちゃんと猟能を発揮して、ゲームに向かいます。決して焦らずに育てて下さい。それまでは運動がてらに鹿を追わせてください。（羆に出会う心配のないところで）」

と示唆されていたからである。

ハスキー犬に完全に押え込まれ、屈服させられるところに至らなかったことに正裕は安堵し、それ以後、ハスキー犬のいる家の前を通る時はしっかりと熊五郎を繋いだ綱を持つことにした。

そんなこともあって、あいかわらずハスキー犬は熊五郎を見ると吠えかかるものの、何事もない日が続いた。

逆転する事件がおきたのは熊五郎が一歳を少し過ぎたころのある朝のことだった。いつものように散歩の途中、ハスキー犬のいる家の近くを歩いていたとき、繋がれているはずのハスキー犬が熊五郎に襲いかかってきたのである。どうしたことか綱が外されていた。

鋭い唸り声を聞き、正裕が目を向けるとハスキー犬が牙をむき出しにし、恐ろしい形相でまっすぐに走ってきていた。一瞬、熊五郎にではなく、自分に襲いかかろうとしているのではないかという気がして、正裕は恐怖を感じた。

熊五郎を見るといつもと変わらないかっこうで立ち、

「ン？　ドウスルベ？」

という目で正裕を見上げている。しかし、いよいよハスキー犬が目前に迫ってきたとき、熊五郎は全身を沈めるようにして身構えた。ハスキー犬はいきなり熊五郎に襲いかかり、熊五郎は間一髪のところで巧妙に体《たい》を躱《かわ》した。だが百戦錬磨の闘いを積んできているハスキー犬もさすがに巧者だった。ほんの一瞬の隙をのがさず、熊五郎に組みついたのである。

そうなると綱で繋がれ、不自由な動きしかとれない熊五郎のほうが不利だった。このまま放っておけばやられる、と思った正裕はいたしかたなく綱を離した。それは熊五郎がハスキー犬に組み伏せられ、押えつけられようとする直前だった。

綱を離された熊五郎が一瞬、オヤ？　という目でこっちを見たように正裕は思った。熊五郎のほうも綱を離されたことで動きやすくなっていたにちがいない。腹を抉《えぐ》るように鋭い唸り声が聞こえた。たったひと声だが、熊五郎のものだった。そしてその声と同時に熊五郎が奮い立ち、あっという間にハスキー犬を押えつけていた。いや、押えつけるだけでなく、確実にハスキー犬の急所であるのど首を嚙んでいた。

「クマ、そこまでだ。やめろ！」

正裕がいった。そのとき、こちらに走ってくる人の足音が聞こえた。ハスキー犬の飼い主の婦人だった。ハスキー犬の飼い主は自分の家の犬が組み伏せられ、のど首を嚙まれているのを見て呆然と立ち止まり、

「コ、コ、殺される！」

絶叫した。正裕もこのままでは本当に熊五郎は殺《や》ってしまうかもしれない、と危険を感じ、引き離そうとして熊五郎の首輪を摑んだ。が、それを見はからったように組み伏せられたハスキー犬が正裕に嚙みつこうとして暴れた。

「おばさん、オレ一人ではどうもできん。自分の犬を摑め！」

呆然と突っ立っている飼い主にいった。正裕の言葉に弾かれたように飼い主はハスキー犬の首輪を摑んだ。そしてそれを見届けたように熊五郎はハスキー犬を放した。熊五郎が放すと、ハスキー犬もさっと立ちあがった。それに熊五郎が嚙んでいたのど首からは血も流れておらず、どうやら熊五郎はとどめもささず、本気で嚙んでいなかったようだった。

熊五郎はハッハッと荒い息はしていたもののすでに興奮も収まっていた。収まらないのはハスキー犬のほうであった。逆毛《さかげ》を立てたまま、殺気立っていた。隙があれば熊五郎に襲いかかろうとする気配だった。

「ダメッ、やめなさい！」

飼い主がいってハスキー犬を引いたとき、興奮したハスキー犬は飼い主に狂気の牙を向けた。騒ぎを聞きつけて駆けつけた人たちが、何人もかかってハスキー犬を押え、早朝の騒乱はやっと落ち着いた。
熊五郎の散歩は山にしようか、と正裕が考えたのはそんなことがあってからだった。

初めてエゾシカと遭遇

熊五郎を宿敵のように狙っていたハスキー犬を、それほど手間をかけることもなく押え込んで優位に立ったとはいうものの、正裕にはそれが熊五郎の猟能の一端を見せたものとは思えなかった。たしかに自分より体軀も大きく、闘争の経験も豊富な猛犬を押え込むのは並たいていのことではないにちがいない。

しかし、横柄《おうへい》ないい方かもしれないが、相手がいくら猛犬とはいえ、たかが犬の喧嘩である。エゾシカはもちろん、ヒグマを相手にする実猟となるとこんなものではすまないことを正裕は知っていた。だから猛犬を押えたことは評価しながらも、それが熊五郎の猟能なのかどうか、判断できなかったのである。

それに、熊五郎はこれまで本気で獣を猟したことがなかった。いや、それどころか、国道沿いの山の斜面やホテルの近くでエゾシカが出ているところに遭遇しても何の興味も示さなかった。

正裕の経営するホテルの近くにエゾシカが出没することは珍しくなかったし、町中《まちなか》の民家の裏山やさらには車が往《い》き交う国道のすぐ脇や路上にさえエゾシカが出てくるのは日常茶飯事といってよかった。

熊五郎を車に乗せて走っているときにもエゾシカを見ることがよくあった。民家の裏山に十数頭のエゾシカの群れがいるのを見つけ、

「ほれ熊五郎、あそこにエゾシカがいるぞ」

正裕がいっても、

「ホントダネ、エゾシカダ……」

といったようにチラリと正裕が教えたほうを見るだけで、またすぐちがうほうに目を向けてしまうのである。

熊五郎が五ヶ月のころ、目の前でエゾシカと遭遇したことがある。熊五郎がまだロバのように面長な顔貌《がんぼう》をしていたころである。たまには広い牧草地で綱なしにして、思い切り遊ばせてやろうと考え、正裕は知り合いの牧場主に頼んで承諾してもらい、熊五郎を牧草地に連れて出た。標津方面から羅臼に入り、少しばかり行ったところにある幌萌《ほろもえ》の牧草地だった。

最初は何やら戸惑ったようにしていた熊五郎も、そのうちに馴れてきたのか牧草地

を全速力で駆け回って遊びはじめた。が、あれほど駆け回っていた熊五郎が突然立ち止まったのである。

どうしたのか、と思って正裕が目を向けると、何と熊五郎の数メートル前に、まだ若い雄のエゾシカが立っていた。

「行け、クマ！　かかれッ！」

正裕は囁《ささや》くようにいったが、熊五郎はびっくりした顔をして、キョトンと突っ立っているだけだった。すると、シカはゆっくりと頭を下げ、角を熊五郎のほうに突き向け、ダダッと二、三歩ダッシュした。瞬間、熊五郎が飛びのき、

「ナ、ナ、何スルノサ！」

というようにシカを見、さっきと同じようなかっこうでシカに体を向けた。

シカはフッフッと威嚇するように息を吐き出し、また頭をさげて角を突き出すと、ダダッとダッシュした。また熊五郎が飛びのく。何度かそんなことの繰り返しが続いた。

「クマ、いけ、いけッ！」

正裕がいうと、熊五郎は何を勘ちがいしたのか正裕のいるところへ駆けてきた。

「ダメだ、ほれ。いってこい！」

いわれると熊五郎は体勢を低くとりながらゆっくりとエゾシカに近づいていくのである。恐怖感というより全身から警戒の空気があふれ、それはむしろ恐る恐る近寄っていくようにも見えた。

一方のシカには熊五郎のような極度の警戒感はなかった。熊五郎が近づいてくると、また同じことの繰り返しである。エゾシカから何度かフェイントとジャブの応酬を受けると熊五郎はまたくるりと身をひねって正裕のいるところへ引き返してくる。鹿はジャブとフェイントを繰り出すだけで、それ以上の闘いに踏み出そうとはしなかったから、完全に熊五郎をなめているのがわかった。

「ダメか、いけないか。若僧のシカになめられたものだナ……よし、ついて来い、クマ」

正裕が焦《じ》れたようにいい、牧草地を走り出した。熊五郎の動きも早く、正裕が駆け出すと同時に走っていた。

さすがにシカもあわてたのか、ヤバイ！　という顔をして颯《さつ》と身を翻《ひるがえ》し、牧草地のむこうにある森にむかって走り出した。

人間がシカの足の速さに対抗できるわけはない。シカと正裕の距離がみるみる間に開いていく。犬の足なら十分シカに追いつけるのだが、熊五郎はチンタラチンタラと正裕に伴走するように走るだけで、いっきにシカを追い詰めようとはしなかった。

シカ猟に来たわけではなかったが完敗である。エゾシカはすでに森に入り、姿を消していた。

「追えないか、熊五郎。そうだよナ、まだ五ヶ月だものナ、無理ないか……」

正裕は息を切らしながらいった。

「シタケド、何カ面白カッタベヤ」

熊五郎はそんな顔をし、また牧草地を駆け回りはじめた。猟能を感じさせる兆しは、まったくなかった。

それでも正裕が焦らなかったのは、熊五郎が紀州の名猟犬といわれた犬の血を受け継いでいることと、そのうちいつか必ず猟能を発揮するときがくるだろうといった釘宮の言葉を信じたからだった。

家に連れて帰ると熊五郎は満足したようにドタリ、と寝そべり、すぐに鼾《いびき》をかいて眠りはじめた。

エゾシカを単独猟

猟犬の猟能にはさまざまな形がある。これまでにも何度か書いたように、猪を寝床から出すことなく足止めしておく「寝屋《ねや》止め」は猪犬の最も代表的な猟能、あるいは猟芸といっていい。

しかし、猪の棲息しない羅臼ではいかに優れた寝屋止めの猟芸を持っていたとしても、その見せ場はないことになる。たしかにヒグマも雪の降る季節になると巣穴に入り冬眠するが、この時期は雪が深く、ヒグマが冬眠している山奥の巣穴に行くことなど現実的に不可能なのである。それに正裕たちには、何も冬眠しているヒグマまで獲ることはない、オレたちの猟は獣の殺戮《さつりく》ではないのだから、という確固とした理念があるのだからなおさらのことだ。

ではどのような猟芸を引き出し、どのような猟訓練をすればいいかとなると、非常に難しいものがある。本来は猪犬である紀州犬の熊五郎は猪犬として使われればひょっとすると素晴らしい猪猟の猟能を発揮するのかもしれない。しかし、羅臼の熊五郎の相手は猪ではなく、エゾシカやヒグマである。そうした獣の猟に猪猟の訓練が応用できるのか、どうか。また、北海道ではヒグマ猟に使われる犬として北海道犬がいるが、その北海道犬の猟訓練が紀州犬の熊五郎に応用できるのかどうかも未知数である。

今のところ訓練についても丹念に示唆してくれる釘宮の話を参考にするしかなかったが訓練を始める時期にさしかかりながら折しも羅臼では一年で最も忙しい観光シーズンに入り、正裕も訓練をする機会がないまま、日々が流れていた。熊五郎の相手をしてやれるのはせいぜい散歩に連れていくときぐらいで、本格的な訓練をするところまで、手が回らなかったのである。

もちろん専門の訓練士に預けるなどということもできたのかもしれないが、自分の片腕となって猟をする猟犬ということからすると、それでは意味がないように正裕には思えるのだった。

最果ての地、羅臼といえば盛夏であっても涼しいようなイメージがある。たしかに本州などからすれば涼しいかもしれないが、しかし、さすがに盛夏のころとなると、年に数日ではあるが日中の気温が本州の夏並みに上がる日もある。

その日、正裕の仕事が一段落したのはそんな暑い日の午後だった。

陽が落ちるまでにはまだ時間がある。正裕はエゾシカの有害駆除要請が出ていた牧草地があったことを思い出し、パトロールしてみようと思った。

出かける準備をしている正裕を熊五郎が部屋の隅から目で追っていた。

「ナニ、おまえも行きたいのか?」

正裕がいうと熊五郎はムクリと起きあがり、尾っぽを振った。そういえば仕事が忙しかったこともあって、しばらく熊五郎を思う存分走らせてやっていなかった。正裕はパトロールがてら熊五郎を牧草地で遊ばせておくのもいいだろうと思って車に乗せた。

牧草地の入口近くにある林道脇に車を停め、綱で繋いだ熊五郎を車からおろした。万一、シカがいたときのことを考えて、銃も携行した。

牧草地に入ると熊五郎はいきなり綱を引き、歩きだした。久しぶりに思いきり走ることができるのを喜んでいるのだろう、と正裕は思った。しかし、牧草地に入って十メートルばかり歩いたとき、正裕は熊五郎がいつになく強い力で綱を引いた意味を理解した。数十メートル左前方の森と牧草地の境目あたりに一頭の雄の大ジカの姿があり、草を喰《は》んでいた。熊五郎は今にも走り出しそうに綱を引いていたが、待て! というように正裕が手で制すると、熊五郎は静かに伏せた。

熊五郎が興奮して吠えるのではないかと正裕は懸念したが、吠える気配はなく息を潜めるようにして動かなかった。ここで吠えられるとこちらに気づいたシカはいっきに森に走り、逃げられてしまう……。

シカのいる位置はライフル銃の射程距離からすると近すぎるといっていい距離だった。正裕は銃に弾《たま》を装填《そうてん》し、慎重に狙いをつけ、引鉄《ひきがね》を引いた。裂けるような銃音と同時にシカが斃《たお》れた。弾はあきらかに命中し、シカにダメージを与えていた。

が、しかし……。正裕がシカにむかって駆け出したとき、斃れていたシカがムクリと起きあがり、森にむかって走る気配を見せたのである。弾は急所のあたりを撃ち抜いていたが距離が近すぎたこともあって、どうやらシカの体を貫通したようであった。弾がシカの体内で留まらず、貫通したときにはこういうことがよくあるのである。

——ハンヤか、森に逃げ込まれたらやっかいだナ……

と正裕は舌打ちした。ハンヤというのは銃弾が当たっても絶命せず、傷を負ったまま逃走する手負いの獲物のことである。ハンヤの獲物は放っておくことができなかった。仮にその獲物が人家の近くで斃《たお》れ、絶命したりするとヒグマにとっては願ってもない食料が手に入ることになり、ヒグマが人家の近くを徘徊する原因を作ることになるからである。さらにいえばヒグマの餌になるそのハンヤ鹿が誘引になって、牧場の牛がヒグマに襲われるということにもなりかねない。だから正裕たちのように猟が遊びではないハンターにとって、ハンヤにした獣は確実に仕留めるというのは鉄則であった。

正裕が駆け出したすぐ脇をあっという間に追い抜いていく影が、あった。いや、影ではない。熊五郎だった。

「あッ……!」

思ったときにはすでに熊五郎は森に逃げ込もうとする大ジカの鼻先に回り込み、前身を低く屈めて大ジカを睨《ね》めあげていた。眉間に皺を寄せ、これまでに見せたことのないような気魄のある形相だった。

シカが動こうとすれば威嚇して止める。角を下げて攻撃してくれば巧みにかわしてまた威嚇する。自分から決して嚙みにいこうとはしなかったが、一歩もシカを動かさなかった。それはまだ幼かったころ、幌萌の牧草地で若ジカに弄ばれた姿とはまったくちがっていた。

これが釘宮のいっていた熊五郎の猟能だろうか、と正裕は思いながら、なぜあのとき熊五郎はシカを嚙みにいかなかったのかと考えていた。しかし、それにしてもまだ一度も猟の訓練などしていない熊五郎が、何の命令も出していないのに自分の判断でシカにむかい、みごとに足を止めたことは正裕に大きな希望を抱かせた。シカを斃したりヒグマと闘えるほどの猟犬になるかどうかはまだ未知数だったが、少なくともシカを足止めさせることができるとわかったのは大きな収穫だった。

牛を追う熊五郎

熊五郎が少しばかりかわってきたのは、一歳半を過ぎるころからだった。初めて大ジカの足を止めてからの熊五郎は、あきらかに幼いころとはちがってきていた。猟本能に目ざめたというほどではなかったが、猟に興味を持ちはじめたことだけはまちがいない。

といってもエゾシカやヒグマの猟をするようになったということではない。山に散歩に連れていったときなど、勝手に小さな獲物を追い、獲《と》って帰ってくるのである。ネズミ、モグラ、キタキツネ、ときには山にまぎれ込んだ野良ネコまで、山の中で目についた小獣は何でも獲ってくるといってもよかった。

それは「猟欲」が出てきたということでもあり、猟犬としてはいい傾向だともいえるのだが、そのおかげでキタキツネを獲ってきたときにそのキツネが罹《かか》っていた疥癬《かいせん》に感染してしまったこともあった。

——大きくなってもこのまま小さい獣《やつ》を追いかける癖が抜けなければ困ったものだ

息をのむ間もなく銃なしでエゾシカを斃す

ナ。

正裕はそんな心配をするのだった。

猟犬にとって猟欲があるかどうかということは非常に重要な要素であった。猟欲がないというのは猟犬として使えないというのと同じことを意味するから問題外として、ただ猟欲があればいいかというと、そう簡単なものでもない。猟欲が強すぎることによる弊害もまた、あるのである。

仮にエゾシカやヒグマなどの大型獣を追っているとしよう。このとき、猟犬の目の前にキタキツネなどの小獣が出ると、猟犬は追っているはずの大型獣ではなく目の前の小獣を追いはじめ、結局は大物をとりのがすことになることもあるからである。

しかし、小獣とはいえそれを捕えるというのは猟能のひとつといっていいかもしれない。これは猟能といえるのかどうかはわからないが、子供のころの熊五郎は面白い行動をすることがあった。

熊五郎がエゾシカを止めることができるとわかってから、正裕は少しずつ熊五郎を実猟に連れて歩くようにしていた。最初に面白い行動をみせたのは牧場下を流れる沢伝いにエゾシカを追っていたときである。

正裕は熊五郎を綱で繋ぎ、沢沿いを歩いていた。そして何やら獲物の痕跡を嗅ぎとったような気配を感じて綱を外し、熊五郎を放した。熊五郎はいっきに駆け出し、藪《やぶ》の中に消えた。いつものように熊五郎は吠えも唸りもしなかった。あとは熊五郎が獲物を見つけ、動きを止めた鋭い吠え声を待つだけだった。

正裕は沢畔にしゃがみ、その時を待った。二十分、三十分……。しかし、熊五郎が獲物を止めた気配は伝わってこない。

「……?」

正裕は沢の水音で熊五郎の吠声が聞こえないのかもしれないと思い、沢の斜面を上がって上にある牧草地で待つことにした。が、牧草地に出た正裕は信じられないような光景を目にすることになる。

生えた木枝を手がかりにしてきつい斜面を上り、牧草地に上がった正裕の目に入って来たのは牧草を喰む乳牛の一群だった。日暮れは近かったが、のんびりとして長閑《のどか》な光景だった。

こういうところでは銃を放つことはできない。正裕はとりあえず牧草地を出ようとして歩きだした。正裕が乳牛の群れの影に、黒い小さな塊《かたまり》が動くのを見たのはそのときだった。

「あッ……！」

正裕は小さな叫びをあげた。熊五郎だった。熊五郎が乳牛の群れの間を忙《せわ》し気に動き回っていたのである。

「やめろ、熊五郎！」

正裕は叫びながら走り出した。一瞬、頭の中を掠《かす》めたのは、獲物と勘ちがいして乳牛を襲おうとしているのではないか、ということだった。もっとも乳牛を獲物と勘ちがいしていると考えるのは人間の思いで、もし熊五郎が乳牛を獲物だと思ったとすれば、それは猟犬の本能のなすところだったろう。犬にとっては牛も豚もシカもヒグマも、同じ獲物に見えても不思議ではない。

熊五郎が牛を襲う前に止めなければならない。いや、ひょっとするともう牛に噛みついたりしているのではないか。そんな思いが走って正裕はゾッとし、焦った。猟犬が乳牛を襲ったとでもいうことになれば大変である。

正裕が乳牛の群れのそばに近づいても、熊五郎は群れの間を動きまわるのをやめなかった。しかし、よく見ると熊五郎はむやみやたらに群れの間を動きまわっているのではなかった。群から外れようとする牛をみつけるとそっちに走り、グッグッと威嚇して群れの中へ追い入れる。そうして一団にまとめながら、牛舎のあるほうへ移動させているのだった。

「クマ、やめろ。牛にかまうんじゃない！」

正裕がいったとき、牛舎のほうから牧場主がやってくるのが見えた。正直なところ、えらいことになったと思った。ウチの牛を何するつもりか、と強く叱責《しっせき》されても返す言葉がない。

「イヤイヤヤ、面倒かけてすまネかった。そろそろ牛さ牛舎に戻さねばと思ってたんだども、この犬がまとめてくれたんでたいして手間が省けたさ」

牧場主はそういって熊五郎に目を向けた。

「いやァ、沢でシカ追ってたんでオレは知らなくて。すいませんでしたネ」

正裕が頭をさげると、

「ナンモさ。この犬はいい牧羊犬だ。このあいだもこうして手伝ってくれてさ。こったら利口な犬さいればたいして助かるべ」

牧場主はそういって愉快そうに笑った。

熊五郎が小獣を追ったり牧場の牛をまとめたりするのは三歳になる少し前ぐらいまで続いたが、大ジカやヒグマと闘うようになるとこういう行動はパタリとしなくなった。目の前をキツネが走ろうと牛の群れがいようと、

「ソッタラモノ、オレハ構ワネ!」

と、知らん顔をしているのである。

今でも牧場を横切ることがあり、牛の群れに出会う機会も多い。かつて熊五郎にまとめられていたことを牛たちが憶えているのか、牛たちは熊五郎のところに集り、先頭を歩く熊五郎に従うようにしてゾロゾロとついて歩くのである。

小さな巨人。そんな言葉を呟《つぶや》きたくなる光景である。

第四章　ヒグマを斃《たお》す

最果てのカムイ

カムイ。その言葉には荘厳《そうごん》というより畏怖《いふ》を感じさせる響きが込められている。カムイというのは「神」を意味するアイヌの人たちの言葉である。アイヌの人たちが、ヒグマにカムイという言葉をつけて呼ぶのもヒグマに漂う畏怖の風格がそうさせるのだろうか。

アイヌの人たちはヒグマを「山の神《キムン・カムイ》」と「悪い神《ウエン・カムイ》」に分け、キムン・カムイはイヨマンテで魂を神の国に戻し、ウエン・カムイは邪悪として退治したという。北海道でヒグマのことを「山親爺《やまおやじ》」と呼ぶのもやはりヒグマを畏怖する感情からではないか、と思う。それに、普通のクマなら「熊」と書くが、ヒグマは熊という字に罒を冠《の》せて「羆」と書く。北部方面総監部が編纂《さん》した『熊に関する百訓』には「罒＝网《ぼう》（あみがしら）は大きい意の語源・大熊の意味」と説明されている。熊という字は能ある四肢動物との意味だというから、「羆」は能ある大きな四肢動物ということになる。たしかにヒグマは日本では北海道にしか棲息《せいそく》しないが、日本の地上動物の中では最大、最強の野生動物である。

しかし、ヒグマといっても道内に棲息するヒグマのすべてが同じヒグマではない。同じように見えるヒグマにも棲む地域によってその系列がちがうようなのである。ヒグマには三つの系列があることが北海道大学理学部染色体研究施設の増田隆一助手たちのミトコンドリアDNA解析による共同研究で明らかにされている。その系列はアラスカ東部の系列に近い知床半島の個体群のほか、広域ユーラシア系列のDNA集団に近い道北から日高にかけての個体群、チベット系列に類似している道南地域の個体群に分けられるというのである。つまり、太古の時代、地球の大陸がまだ陸続きであったころ、アラスカやユーラシアやチベットからそれぞれの系列を持つヒグマが北海道に渡ってきた、というわけである。本州に渡ったヒグマもいたようだが棲息条件が合わなかったのか後に絶滅し、今日、本州にヒグマは棲息していない。

また、伝説のような話として津軽海峡を泳いで渡ったヒグマの話もあるが、この話でも津軽に上陸したあと、力尽きて絶えたとされている。しかし、仮にこの話が事実ではなかったとしてもこんな話が生まれてくる背景にはヒグマの驚くべきタフさということがあるのかもしれない。

日本の地上最大最強の野生、ヒグマ（撮影＝濱屋義昭）

北海道に渡ってきたそれぞれの系列のヒグマたちは、かつて盛んに交流していたが、その後開発によって交流ルートが断たれるなどで分断され、五つの個体群になっているという。その北海道の中でも知床は密度の濃いヒグマの棲息地となっているのである。

さて、ヒグマの毛色というと一般的には黒か褐色と思われているのではないだろうか。だが、もう少し細かく見てみると、黒と褐色だけではないことがわかる。林克巳著『熊・クマ・羆』の中では、芳賀良一が、

「北海道のヒグマには黒色型（黒毛型）と赤色型（金毛型）の二型がある。また胸に月の輪の白斑があるものと、な

いものがあり、白斑のあるものでも、若い時代だけのものと生涯消えないものとある。また白斑のないものでも、生まれたときからないものと、幼少時にちょっとだけあって消失するものなど、さまざまである。同腹の産子に、黒色型も赤色型も生まれ、白斑のあるものとないものがまざって生まれることもまれではない。つまり、毛色や白斑には変異が大きく、変種と認めるまでには至っていない」

と書いている。かつてヒグマは八十種以上に分類されたこともあるという。北海道大学ヒグマ研究グループの著した『エゾヒグマ』という本の中でヒグマの分類と分布について中河原俊治が、

「一般にヒグマは著しい地理的、性的、年齢的、個体的変異を示すので、かつては実に八十種以上にも分類されたこともあって混乱がみられたが、最近の分類学の研究では、それらを同種異名 synonym として整理している。北海道のヒグマも、金毛型と黒毛型の二ないし三亜種が認められるとする考えもあるが、我々はエゾヒグマ（u.a. yesoensis）一亜種としている」

と記している。

一亜種でありながら同名異種。ヒグマは実に個体差の大きい野生動物ということがいえるのだろうか。

ヒグマの生態に関する研究はかなり進んできているとはいうものの、まだまだわからないところも多い。ヒグマについて考えるとき、私はヒグマという動物は一般にかなり誤解されているところの大きい動物だと思う。イメージひとつにしても、ぬいぐるみのように愛嬌があって可愛らしいというものか、人を見たらすぐに襲いかかるような気の荒い恐ろしい獣というのが多い。ヒグマは本来、人を見たらすぐに襲う性癖を持っているわけではない。むしろ人間がヒグマに気づくより先にヒグマが人間を察知すると藪《やぶ》に入って人が通過するのを待ったり、逃走したりすることが多いという。

ロシアのイワン・フィリボヴィチ・ザヤンチコフスキー獣医学博士は『動物たちの超感覚』の中で、

「ヒグマの生活にとっては、嗅覚は、視覚時により聴覚よりもはるかに重要な役割を果たす。彼らが周囲の状況を判断し、食物や敵を発見し、危険を感じとるのは、嗅覚のおかげである。しばらく休んでから餌を探しに出かける時クマは、風下に立ち止まり、長い間ニオイをかぐ。すなわち顔をあげ、耳をぴんと立て、黒い鼻の先端、それにわずかだが唇を動かす。なんら危険がないことを見出すや、慎重なクマは、数歩前進して立ち止まり、ふたたび目と鼻を動かせる。この動作を数回くり返し、いよいよあたりが安全だと確認してからはじめてクマは、自分の猟場に出かける」（金光不二夫

訳）

といっている。

ヒグマは臆病な動物なのだといわれるが、臆病というよりは極度に警戒心が強いといったほうがいいかもしれない。登山や山菜採りなどで山へ入るときに、鈴や空き缶を鳴らしたりラジオをかけたり、大声で歌を唄うといいというのは先に人間の存在を知らせればいいということなのである。

しかし、これで事足りればヒグマが人を襲うという悲惨な事故も起きないだろうし、被害もでないだろうが事はそれほど単純ではない。北大ヒグマ研究グループの一員だった伊藤正美は、山でヒグマに遭遇したときの対処の方法は確かな実証例もなく、効果のほどもわかっていないとしたうえで、

「人間とヒグマが出会った場合、双方のさまざまな状況（たとえば、ヒグマの場合では、親仔連れであったり、傷を負っていたりすること）が複雑に作用し合い、それぞれに異なっているでしょう。したがって絶対的な対応策などないに等しいのです」

と書いている。ヒグマと出会ったらどうすればいいかということでよくいわれるのは死んだ真似《まね》をすれば助かる、という話である。これも無抵抗を示すという意味ではある程度有効かもしれないが、万全というわけではない。先の『熊に関する百訓』に

は〈熊がおそいかかるときは〉という項で、

両方がばったり合った時は、熊は驚きと警戒心から捨て身で襲いかかる。そんなとき、人間が無抵抗で死んだふりをしてしまえば一応クマの検査を受けても九死に一生を得ることがあるし特に気絶してしまった人が助かった例がある。ヒグマは生きている牛馬を倒して食い、死人でも食うが、人間でも同じで、生きて食われた人もあるし、必ずしも死んだふりして助かるとは限らない。

と記述されている。所説ある中で比較的助かる確率があるとされているのが「睨《にら》み合い」である。不動のままヒグマの目を睨みつけるのである。一瞬たりとも目線を外してはいけない。チラリとでも目線を外そうものならヒグマはその隙を逃さず攻撃に出る。『熊に関する百訓』には、睨み合いをすると、

熊は警戒して、すぐには走らず、振り返りながら、ある距離まで行き、急に速度を出して逃げたという話が多い。
会ってすぐ逃げると、丁度番犬と同じでかえって追ってくる傾向がある。

と解説している。しかし、現実にヒグマを目の前にして冷静ににらめっこできる心の余裕が持てるものかどうか……。

もうひとつ、ヒグマにはちょっと困った性癖が、ある。いや、性癖というより本能的なものといったほうがいいかもしれない。ヒグマは人間のものだろうと何だろうと、一度手にしたものはすべて自分の「所有物」にしてしまう、というのである。そして犬飼博士は「一つものを襲って、それでうまく食べられたとなると、なかなか方向転換しません」といっている。北海道の開拓は人とヒグマの闘いの歴史でもあるといわれるが、その開拓時代、熊害《ゆうがい》史上最大の惨劇といわれる天塩《てしお》国苫前《とままえ》町の通称六線沢でおきた一九一五（大正四）年冬の大惨事も、ヒグマの持つ本能的な占有癖が深く関係しているといっていいだろう。この事件は吉村昭の『羆嵐《くまあらし》』という小説にもなっているが、入植していた十五戸の農家のうち七人が惨殺、三人が重傷を負うという大惨事であった。襲ったのは金毛混じりの黒褐色、胸の間から背にかけて袈裟《けさ》掛《が》けの大白斑のある雄グマで、体重三百四十キロの巨グマだったという。

このヒグマは十一月半ばごろ集落に現れるようになり、それから再三再四現れて農作物などを喰い荒らすようになったのだという。人間の発する警告も無視し、ついに約一週間ばかりの間に消防団、警察、マタギ、ハンターの撃退作戦をかわしながら妊娠中の胎児とともに惨殺された者を含めて七人が殺され、三人が重傷を負ったのである。何度も激しく追い払われながら集落を離れようとしなかったのは集落にくれば食べ物があると認識し、それはオレのものと思い込んだからである。

さらに、一九七〇（昭和四十五）年七月、日高山系を縦走中の福岡大学ワンダーフォーゲル部のメンバー五人中三人がヒグマに襲われ、遭難した惨事である。彼らの張っていたテントをヒグマが襲ったのである。テントを破られたパーティーは一度は逃げているのだが、このあとテント内に残した荷物をとりに戻ってきたことがヒグマの攻撃を誘引するきっかけを作ったのではないかといわれている。伊藤正美は『エゾヒグマ』の中で、いくつかの原因のうち、このヒグマが残飯の味を知っていた個体であったこと、彼らがヒグマが一度手をつけたキスリング（登山用ザック）をふたたび奪い返したというミスを犯してしまったことなどをあげている。

開拓時代の話ではなく、羅臼には今なお人家近くにヒグマが出没する。人家の近くをうろつき、番屋を破壊して貯蔵している食料や海産物を喰い散らす。人のものを「占有」したヒグマは放っておけばほぼまちがいなく人にまで危害を及ぼすことになる。紀州犬熊五郎が相手にしなければならないのはぬいぐるみのようにおとなしい獣ではなく、そんなヒグマなのである。

もちろん羅臼の山に棲むすべてのヒグマが人の暮らす土地におりてきてトラブルをおこすわけではない。ヒグマが人の暮らしとの棲み分けを認識し、おとなしく山での暮らしをしてくれる確実な方策があるなら熊五郎も危険に立ち向かうこともないだろうし、人とヒグマの軋轢《あつれき》も生じないにちがいない。道内でも棲息密度が高く、人とヒグマの生活圏が接近するという特殊な地域的状況の中で、羅臼でもさまざまなヒグマとの共存の道が模索されてはいるが、今なお「ウエン・カムイ」は穏やかな顔を見せることは、ない……。

初めてヒグマと闘う

熊五郎がエゾシカの猟をするようになったのは、タイミングのいいエゾシカとの出遭いがあったことと、正裕にシカ猟に連れていかれるうちに経験を重ね、自分で考え、自分の体で覚えてきたからではないかと思う。それは訓練を目的とするのではなく、機会あるごとに熊五郎を実猟の場に連れていった正裕の成果といっていいかもしれない。

もし熊五郎がマニュアルどおりの猟訓練を受け、いわゆる「猟犬」として育てられていたとしたら、熊五郎も若いエゾシカや雌ジカなら鉄砲不用で噛み斃《たお》すほどにはならず、普通の猟犬になっていたかもしれない。

そしてそれはエゾシカ猟についてだけではなく、ヒグマ猟についても同じことがいえるのである。

熊五郎が一歳になったばかりの晩春のある日、知床半島の先端近くにある鮭《アキアジ》の定置網番屋五軒が、たて続けにヒグマに荒らされるという事件がおきた。発見したのはウニ漁に出かけたウニ漁師だった。

これでは危くておちおち漁もできない、ということで駆除要請が出され、正裕は羅臼町に住む猟友会の仲間一人を伴って被害の様子を見に出かけた。番屋のあたりをヒグマが徘徊することはよくあることで、駆除をする必要があるのかどうかを見極める目的も兼ねていた。

被害がでたところは羅臼の市街地から約四十キロ離れた赤岩という場所だった。知床半島の先端近くまで行くには道路が途中の相泊《あいどまり》までしかなく、赤岩までは船で行くしかなかった。

船で約二時間かけて赤岩に着き、上陸して番屋を見た瞬間、正裕は息を呑んだ。番屋の窓に打ちつけられていたコンクリートパネルは無残に破壊され、その中の窓ガラスも目茶苦茶に破られていた。それだけではない。番屋の中に入った正裕はさらに絶句した。番屋に侵入したヒグマは、冷蔵庫、戸棚、衣装箱、あらゆるものを倒し、部屋の中には空き缶や食器、食品の容器などが散乱していた。足の踏み場もなかった。そしてさらにはヒグマが漁《あさ》ったのか番屋に貯蔵してあるはずの酒や米、味噌、非常用食料など、食べられるものはすべて喰い尽されていた。ただ、ヒグマはビールをあまり好まないのか、缶ビールだけは手つかずのままかなりの本数が残されていた。

一軒だけでなく、五軒とも軒並み同じようにやられていた。

「あらら、こりゃ驚いたナ。ひど《シ》いワ！」

同行者もいい、顔を顰《しか》めた。漁師たちの訴えもわかる。放っておくことはできないということになり、正裕たちはその日の夜から番屋に泊まり込んでヒグマの出没を待つことにした。

晩春とはいえ、知床半島先端近くの朝晩の気温は低く、冷え込む。ヒグマは夜行性の動物で、行動するのは夜であることが多い。正裕たちは早目の夕餉《ゆうげ》をとり、電灯を消してヒグマが出てくるのを待った。

ところが、電灯を消して一時間もしないうちに別の訪問者があった。ネズミだった。正裕は暗闇になった部屋の中でガサガサする物音を耳にし、電灯を点けた。最初は何も見えなかったが、何度目かにタイミングを見はからってスイッチをひねると、いっせいに姿を隠そうとして走る数匹のネズミを見た。

それからは朝までネズミとの闘いだったといっていい。寐ようとして布団に入ると、布団の上はもちろん、頭のそばや顔の上など無遠慮に走り回るのである。

ほとんど眠れないまま朝が来、残ったのは気怠《けだる》い疲労感だけだった。ヒグマの出没もなかったからなおさらだった。

一旦家に戻り、仮眠してから夕方になると再び番屋にむかった。熊五郎も一緒だった。といっても熊五郎にヒグマの番をさせようと思ったわけではない。熊五郎を山に散歩に連れていくとネズミなどの小動物を捕えてくることがあるのを思い出し、ヒグマはともかくネズミの番ぐらいは熊五郎にもできるのではないか、と考えたのである。しかしそれがあまりにも的中しすぎることになろうとは、正裕も考えてはいなかった。

その夜は熊五郎がいるからか、ネズミが出没する気配もなく、正裕たちは朝になるまで一度も目をさますことなく熟睡した。

「あアあ、よく眠ッ……！」

いいかけて正裕は息を呑み、そして笑い出した。部屋にはネズミの死骸が散乱していたからである。熊五郎の仕業《しわざ》にちがいなかった。熊五郎を見ると、何《ド》カシタノカイ？　と何やら物足りなさそうにして腹這っている。

ネズミは大猟だったが、しかし、ヒグマは現れなかった。正裕たちはそれからもしばらく番屋に泊まり込んだ。熊五郎のおかげでネズミに悩まされることはなかったが、ヒグマは現れなかった。いや、まったく現れなかったわけではない。ヒグマは正裕たちが泊まり込んでいる番屋がわかってでもいるかのように別の番屋に押し入るのである。そしてヒグマが侵入した番屋に泊まり込むと、また別の番屋を襲う。ヒグマとのイタチごっこの繰り返しで、いたずらに日が流れるばかりだった。

そんなある夜、ちょっとした異変がおきた。正裕が寝入ってすぐのことだったが、そばで寝ていた熊五郎がムクリと起きあがり、入口のほうに駆けていったかと思うと、低く、簡潔な唸《うな》り声をあげ、体勢を低くして四肢《しし》でしきりに床を引っかく仕種をしたのである。

排便をしたくなって外に出たがっている様子とはあきらかにちがった。

「どうした、熊五郎……」

正裕はいい、戸を開けて外へ出た。外は月夜で蒼白い月の光が知床の海を照らし出していた。正裕が戸を開けると同時に、熊五郎がグォッ！　と鋭い吠え声を発し、飛び出していった。

「何……」

熊五郎が走っていくほうに目をやると、三百メートルばかり前方の山のほうに、黒い塊《かたまり》が動いているのが見えた。

「何した、羆《オヤジ》かい？」

同行者も目をさまし、銃を持って出てきた。

「おお、いる、いる。十分狙えるべさ。射《や》るかい？」

「いや、ダメだ。警察から夜間発砲はまかりならんといわれてるからな……」

ここは追っていった熊五郎に託すしかないといいたいところだが、しかし、これまで熊五郎は実際にヒグマと遭遇したこともなければ闘ったこともないのである。ヒグマがどれほど強大なものか熊五郎にわかるはずはなかった。熊五郎が知っているのは小動物はともかく、エゾシカやハスキー犬ぐらいのものである。正裕は不安ながら熊五郎を呼び戻したくなる気持を抑え、見守った。すでにヒグマの影も熊五郎の姿も、弱い月明りの中では判別できなくなろうとしていた。

熊五郎はこのままヒグマを追い詰めるつもりなのか……。ヒグマは遠い距離からでも三百キロ前後の巨羆《おおぐま》であるのが見てとれた。ヒグマ猟の経験が皆無の熊五郎が勝てたならば奇蹟といっていい。熊五郎にそんなことがわかっているはずはなかったが、しかし森の近くまで走っていった熊五郎はそこで立ち止まり、ヒグマが森に消えたのを見とどけるようにして反転し、番屋のほうへ戻ってきた。そして番屋の前でひとしきり御叱呼《おしっこ》をすますと、スッキリした顔でさっさと番屋に入り、正裕の寝ていた布団の傍らで腹這いになり、何事もなかったように眠りはじめた。

結局、そのヒグマが捕獲されたのは出没から九十日あまりが過ぎてからだった。このままでは埒《らち》があかないと見た正裕は箱罠《はこわな》をかけることを申請した。それが許可されるとさっそく箱罠を設置し、ヒグマの好物であるハチミツを餌にして待った。しかしヒグマは狡猾《こうかつ》なのか箱罠の恐怖を知っているのか、周囲をうろつくものの、決して入ろうとしなかった。

なぜか……。正裕は考えた。そして番屋が荒らされた光景を見たとき、牙で穴をあけ、器用に飲んだ缶ジュースが散乱していたのを思いだし、罠の中に缶ジュースを置いてみた。それだけではなく、罠の入口はヒグマが番屋に押し入るときに破るコンクリートパネルで蓋《おお》った。その予想はピタリと的中し、箱罠をかけて何日もしないうちにヒグマが掛かったのである。二百七十五キロもある大きな十五歳の雄羆《おすぐま》だった。

正裕は月夜のあの日、熊五郎が自分から少しでもヒグマを追おうとしたことに微かな光を見ていた。もちろんそれはヒグマ猟に使えるのではないかという強い確信になったということではないが、少なくとも無反応であるよりはちょっとした手ごたえだったにちがいない。

——今度機会があればヒグマに向けてみようか……。

漠然とではあったがそんなことを考えたりもしていた。しかしいかに羅臼とはいえ、そうそうヒグマが出没するわけではない。山に入ればヒグマに遭遇する可能性は大きいが、山奥にわけ入ってまでのヒグマ猟をしない正裕には、熊五郎を山奥に連れていってヒグマに向ける気持は微塵もなかった。

そんな機会ができたのは巨羆が獲れて半年が過ぎるころだった。

新聞やテレビでは春の訪れが報道されていたが、最果ての春はまだ遠く、羅臼は雪の中に埋もれていた。しかし、それでも自然界は春の胎動を始めていて、冬眠から目をさましたヒグマの出没も数件報告されていた。

羅臼の市街地から少しばかり知床半島先端寄りにあるサシルイの民家近くでヒグマが駆除されたのは、いまにも雪が舞い落ちてきそうなどんよりと曇った日のことだった。

熊五郎を山で散歩させようと車で走っていた正裕は、ヒグマの出没と駆除要請を無線で受けた。そして一旦銃を準備するために家に立ち寄ると、熊五郎を車に乗せたまま現場であるサシルイにむかった。

現場に着くとすでに五十人ばかりの人びとが集り、何事かを口ぐちに叫び、騒いでいた。正裕が車を停めておりようとすると、熊五郎が後部座席で前身を低くし、四肢でシートを引っかいた。

「ナニ、御叱呼《おしっこ》か？　早くするんだぞ」

これほどの見物人《ギャラリー》が集っていることからすると、ヒグマはすでに正裕より早く駆けつけたほかのハンターが仕留めたかもしれなかった。そうだとすると熊五郎に排尿させてからでも十分に間に合う。そう思って正裕は熊五郎の首に綱をつけようとし、後ろのドアを開けた。ところが熊五郎はドアが開けられるのを待っていたかのように勢いよく飛び出し、見物人の間を駆け抜けてまっすぐにヒグマにむかっていったのである。

ヒグマは正裕が思ったとおり、ほかのハンターに撃たれていた。百キロ少しと思えるヒグマだった。ほとんど歩けないようだったが弾は急所を外れていたのか上半身と両掌を激しく振り回し、グァオ、グァオッと咆哮《ほうこう》をあげ、暴れていた。

「ホラ殺《や》れ、名犬！」

「負けるんでないゾ、噛め、嚙《かじ》れッ！」

怯むことなくヒグマと闘う熊五郎

ギャラリーからワイワイと野次とも声援ともつかない言葉が、飛ぶ。

しかし、冗談ではなかった。小さいヒグマとはいえ熊五郎はまだヒグマの実猟経験は皆無といってよかった。万一叩かれでもすればどんなことになるか……。正裕は急いで熊五郎のあとを追った。

ヒグマは熊五郎が来たのを知ると、いっそう狂ったようになって吠えた。しかし、さすがに警戒心が働くのか、さきほどのようなむやみな暴れ方はやめ、じっと熊五郎を睨みつけて隙をうかがう。そして熊五郎が少しでも動こうとすると、颯《さっ》と手をあげ叩きにかかるのである。何度かそんな攻撃を受けながら、そのたびに熊五郎は巧みに魔の一撃を躱《かわ》し、翻弄《ほんろう》した。

正裕は銃を放つのも忘れて熊五郎の闘いに見入った。そして勝利したのは熊五郎だった。熊五郎はヒグマが手を振りおろしたほんの一瞬の隙にとびかかり、ヒグマのノド首に喰らいついて動けなくしたのである。そして、ドウスルベサ、というように目だけを動かし、正裕を見た。あとは余裕を持って留《とど》めを入れるだけだった。

「おおおッ、スッゲェ！　ほんとにスゲエ。犬が羆《オヤジ》さ勝ったどォ！」

ギャラリーからいっせいに喊声《かんせい》があがる。

「ヨシ、熊五郎、もういいぞ、やっつけた」

正裕がそういって熊五郎の首輪に手をかけると、熊五郎は、ナニ、モウイイノカイ？　というような目でちらりと正裕を見、ヒグマからゆっくりと口を放した。

その出来事は偶然ではあったが熊五郎が羆犬《くまいぬ》として使えるかどうかのテストにもなった。ヒグマにむかったときも放したときも熊五郎はヒグマを恐れず、怯《ひる》むこともなかったから合格点をつけてもいいところだったが、しかし正裕にはまだ完璧に使えるかどうか、確信できたわけではなかった。

この闘いはヒグマが下半身の動きを断たれ、熊五郎にとっては最初から有利な闘いだった。もちろんハンヤになって動けないヒグマとはいえ、隙を突いて叩かれればひとたまりもない。しかし、そういうことをさし引いても、ヒグマが動けないというのははハンディがありすぎだ、と正裕は思うのである。

実際にハンヤになった獲物にならかかっていく猟犬はいる。だからこれぐらいのことが熊五郎が特別に優れた猟犬の評価になるとは正裕も思っていなかった。

万が一傷ついたヒグマではなく、元気なヒグマだったとしたら、そしてもっと大きな三百キロクラスのヒグマだったとしたら……。正裕にはそういうときに熊五郎がどうするかということのほうが気がかりだった。そしてその結果がどうなっていたかは正裕にも判断がつかなかった。

追跡能力

犬も人間と同じで成長するにしたがって風貌も変わってくる。熊五郎に子犬のころの面影が薄れ、変化が見られるようになってきたのは二歳を過ぎるころからだった。外見でいえば体形もガッシリして逞ましくなってきていたし、モノを噛む顎の力も強くなっていた。

しかし、そういう外見的な変化に加えて熊五郎は内面的な変化が著しかった。人間でいえば自覚というようなものが芽生えはじめていたのである。そんな内面の自覚を反映するように、オレハ猟犬ダという風格のようなものも漂うようになってきている。むやみに小動物を追わなくなってきたのもそうだし、牛にかまわなくなってきたのもそうだった。だが、エゾシカやヒグマに対しては俄然《がぜん》闘志を燃やすのである。ヒグマとの闘いの機会はまだそれほどなかったがエゾシカについていえば二歳そこそこで絶対に逃すことはなくなっていた。散歩で山に連れていったときなど、グァン！　という吠え声を聞き、正裕が駆けつけたときにはすでにシカを斃し、平然としていることが何度となくあった。

犬に学習能力というものがあるのかどうかはわからないが、熊五郎に関していえば経験を重ねることで猟を覚えてきたといっていいだろう。それも現場で自らの実猟経験で覚えてきたのである。普通、犬というのは警察犬なら警察犬として、盲導犬なら盲導犬としての訓練を受け、実用犬として育っていく。猟犬の場合もほとんどが猟訓練を重ねて実猟に使える犬になっていく。しかし、熊五郎は一度も猟訓練を受けたことがなく、すべて実猟で自らの猟法を体得してきたのであった。

だが、そんな熊五郎にもたったひとつだけ不足した猟技があった。ヒグマの追跡である。小動物はともかく、エゾシカなら斃すまで追っていく熊五郎だったが、どういうわけかヒグマにだけは執拗な追跡をしないのである。もちろん深追いすることは禁物だが、機を得た追跡を欠くとヒグマをとり逃すことになってしまうのである。

正裕が熊五郎にヒグマの追跡が足りないと思ったのは精進川の流れる山に散歩に連れていき、熊五郎が二百キロばかりのヒグマと遭遇したときである。

「熊五郎、思いきり走ってこい」

いって正裕は車から熊五郎を外に出した。熊五郎は車を出るとすぐにいつもの恒例である御叱呼《おしっこ》をしてから、川沿いにある林道を走りはじめた。まだ二歳の若者犬は元気がよく、暴走族よろしく猛スピードで林道を駆けあがっていく。

林道の崖下にある砂防堰堤《えんてい》をひとつ、ふたつ過ぎたとき、熊五郎が、

「……？　……！」

という風を見せて立ち止まり、急に体の向きを変えて、来た道を戻りはじめた。それは珍しいことではないので正裕は気にもとめなかったが、オヤ、と思ったのは林道から川にむけて落ちる急斜面を、熊五郎が猛スピードで駆けおりたときだった。

「何してるんだ、熊五郎……」

正裕は呟《つぶや》き、眼下を流れる川に目を向けてアッと叫んだ。川の中州に一頭のヒグマがいたのである。正裕はこれまでの経験から二百キロぐらいのヒグマだろうと目測し

た。熊五郎の体重からすると、約十倍である。銃があれば即座に狙うところだが、狩猟期でもなく、駆除要請も出ていないのでもちろん銃は持ってきていない。危険であることは承知しながら、なりゆきを見守るしかなかった。

いっきに斜面を下った熊五郎は流れのきつい川を巧みに瀬渡りし、ヒグマを遠巻くようにして中州にあがった。一瞬の隙もみせない構えをとり、グォン！ とひと声吠えてヒグマを威嚇した。ヒグマのほうも負けてはいなかった。何を小癪《こしゃく》なこの小僧が、というかっこうで熊五郎を睨みつける。

これはいかん。殺《や》られるかもしれない、と内心肝を冷やしながらも正裕は見守るしかなかった。いま声をかければヒグマは興奮し、逆上するにちがいない。そうなれば先は予測のしようもなくなる。ヒグマとの闘いの経験がほとんどない熊五郎に、勝ち目はあるのか。

しかし、熊五郎は巧みだった。決していっきにかかることはせず、間合いをとりながらジワリとプレッシャーをかけていく。時にはヒグマが焦《じ》れたように手をふるい、攻撃しかけてくることもあったが、前後左右に跳んで躱すのである。

そんな攻防が三十分ばかりも続いただろうか。ヒグマがほんのわずかな間隙《かんげき》をついて、根負けしたように身を翻し、山際を流れる川を渡って山の斜面を登る行動に出た。

間髪入れず熊五郎も続いた。そしてまた山際で熊五郎とヒグマの攻防が繰り返される。山に逃げようとするヒグマを熊五郎が止める。止められたヒグマが熊五郎を叩きにかかる。そんなことが何度も繰り返された。だが、それまでだった。一旦熊五郎に激しい攻撃をしかける様子をみせたヒグマが一瞬のうちに山の斜面を駆けのぼり、森に姿を消したのである。熊五郎はヒグマが逃走した斜面を少しばかり駆けあがり、そのまま身を転じて正裕の待つ車のところに戻ってきた。

「ヨシ、よくやったぞ、熊五郎」

誉めてやりながらもなぜもう少し追跡しなかったのか、と正裕は考えていた。追跡能力に欠けるとは思えなかった。現にエゾシカを追うときの熊五郎はシカが走れなくなるぐらいにまで執拗に追跡する。いつだったか流氷がある季節には流氷にむかって逃がれようとするシカを追ったこともあった。

山から追われてきたシカが国道を横切って海岸から海に入り、流氷に向かって泳ぎだしたのである。熊五郎も躊躇《ちゅうちょ》せずに海に飛び込み、シカを追った。シカは海峡を漂う氷塊に何度も上ろうとしたがうまく上れず、どんどん沖へ泳いでいく。熊五郎に追われる焦燥からうまく上れないのである。熊五郎のほうも諦めず、流氷の狭間《はざま》を縫って、追う。

「もうやめろ、帰ってこい、熊五郎！」

正裕が呼んでも追跡をやめようとしなかった。結局、熊五郎が追跡をやめ、戻ってきたのは正裕が熊五郎を呼び戻すのを諦め、自分で帰ってくるまで車の中で待つことにして車内に入ったときだった。車に乗り込む正裕を見た熊五郎が、置いていかれたら困るとでも思ったように流氷海の中で転身し、一目散に戻ってきたのである。シカは命拾いしたものの執拗な熊五郎の追跡に悪夢を見たにちがいあるまい。

だから熊五郎に決して追跡能力がないわけではない、と正裕は思った。それなのになぜヒグマを追跡しようとしないのか……。精進川の散歩では自分からヒグマを見つけ、果敢にむかっていった。それは熊五郎をヒグマにかける猟犬として使えるのではないかという希望を正裕に持たせたが、追跡に欠けるというのは大きくひっかかった。猟犬にとって追跡という猟芸は重要なものであった。特に山深く険しい地形の羅臼では山奥へ逃がれようとするヒグマを押えるために絶対必要条件になるといっても過言ではない。

どうしたものか……。正裕が考えていたとき、いつだったかアメリカの狩猟雑誌に猟犬の訓練の話が掲載されていたのを思いだした。実際にはどのように訓練するのかわからなかったが、応用して試してみるのも価値があるのではないか、と正裕は考えた。

その訓練は獣の生皮を使うもので、猟犬に生皮の臭いを嗅がせて追跡することを覚えさせるものだった。雑誌ではたしかキツネやシカを追跡させる訓練だったように思うが、はたして日本のヒグマにも応用できるのか。キツネやシカなら熊五郎は放っておいても猟をしてくるのだから今さら訓練の必要は、ない。それにもうひとつ気になるのは雑誌の記事は洋犬の猟訓練である。それがはたして日本の紀州犬にも通用するのか、どうか。

が、案ずるより産むが易しということもある。正裕はヒグマが獲れたらその生皮を使ってやってみることにした。

小型ながら百キロほどのヒグマが駆除されたのはそれからしばらくしてからだった。そのヒグマの生皮を持ち帰り、正裕は熊五郎を連れて訓練の第一段階を試みた。最初の日は牧草地に出て生皮の臭いを憶えさせ、それを追わせる訓練だった。四、五百メートル生皮を車で引いて走ったあと、生皮の臭いを熊五郎に嗅がせて車で引いて走った跡を追わせた。

犬の嗅覚は人間の数千倍、あるいは数万倍といわれる。かつて紀州三名犬のうちの一頭である鳴滝《なるたき》のイチは他犬より群を抜いて臭いをとるのがうまかったという。その遺伝因子を受け継いでいるのか熊五郎の嗅覚は鋭く、この訓練で何度パターンを変えても寸分も誤ることはなかった。

しかし、なぜこれで実猟になると追跡しないのだろうか。正裕は考え、次の日は生皮を持って林道へ連れ出した。そして一旦林道脇に熊五郎を繋ぎ、さらに奥へ入ってからさらに車で一、二キロ生皮を引き、藪の中へ隠した。それからまた熊五郎を連れに戻り、生皮の臭いをとらせて追跡させる。最初のころの数回は途中でフッと息を抜き、中断するような気配も見せたが、何回か繰り返すうちにまちがいなく生皮の臭いを追って歩くようになっていた。それどころか数回目には生皮を車で引きはじめたところよりずっと手前で察知し、追跡を開始する行動も見せた。

何度か場所とパターンを変えてやってみたが必ず生皮にたどり着くまで追跡した。また試しに生皮を隠すときに場所も方向も定めずに放り投げておいたのだが、熊五郎は確実に生皮のある場所に行き、探しだした。

それは教え込むというより、熊五郎が自分で追跡という猟芸を認識したようにも思えた。熊五郎にしてみれば、何ダコンナコトヲサセタカッタノカイ、といったところである。何日も何度も同じことを繰り返して教えていくのではなく、一度やらせて要領をのみこむと、自分でそれを憶えていく。もう少し手間がかかるだろうと覚悟していた正裕も、こんなことでいいのかと、不安になるぐらいあっけなく熊五郎は追跡の猟芸を身につけていた。

しかし、これはあくまでも訓練である。たったこれだけのことで熊五郎に追跡という猟芸ができるようになったのかどうかは判断できなかった。あとは実猟で実行できるかどうかを見るしかなかったが、幸運なことにその機会は日を待たずしてやってきた。

八月も終わろうとする日のことだった。駆除要請が出されていたヒグマがハンヤになり、山に逃げ込んだのである。手負い、人飼い、親子グマは三大危険グマといわれるが、手負いグマはそのまま放置しておくことができない。放置することでさらに人間に被害を及ぼす確率が高くなるからである。

正裕がハンヤ熊が出たので加勢して欲しいという要請を受け、現場に駆けつけたのはヒグマが山に逃げてからまだあまり時間がたっていないころだった。熊五郎に訓練した成果を見るにはいい機会だと思われたので、正裕は仲間に熊五郎を使うことを提案した。熊五郎が猟のできる犬であることは誰もが知っていたのでもちろん反対する者はいなかった。熊五郎にとっては二日間かけた追跡訓練からのデビューである。

正裕は熊五郎に綱をつけ、ヒグマが撃たれたあたりに連れていった。熊五郎がヒグマの痕跡を嗅ぎとったのはその場所に着くか着かないかというぐらいのときだった。あの闘いに入る前にする前身を低くした体勢をとり、どこにこれほどの力があるのかと思えるような勢いで綱を牽《ひ》きはじめたのである。よく見ると地面の草の葉に、十円玉の大きさほどの血痕がついていた。熊五郎はそれを嗅ぎとったのである。

しかし、正裕はまだ訓練どおりに追跡するかどうか自信があったわけではない。それにまだ追跡の端緒にかかったばかりで、これまでのように途中で諦めずにヒグマを追跡できるかどうかも未知数だった。正裕は駆除に出動したハンターとともに、熊五郎について山を歩いた。そして熊五郎があの独特の鋭い吠え声をあげたのは、首輪から綱を外して間もなくのことだった。

熊五郎は確実にヒグマを追っていた。正裕たちが駆けつけたとき、熊五郎はヒグマを絶体絶命のところに追いつめ、動けなくしていた。熊五郎は追跡という猟芸を完全に自分のものにしていた。

正裕はこの追跡芸以外に何ひとつ熊五郎を訓練したものは、ない。

魚獲り

自宅やホテルの事務所にいるときの熊五郎は子犬のころとまったく変わらず、ほとんど一日、ゴロゴロと居眠りしていた。事務所での指定席はレザー張りのソファで、その肘掛《ひじか》けに顎を乗せて居眠るのがいつものスタイルである。仮に客があるときなどは自ら指定席を譲り、室内で居眠りを邪魔されない場所を探し、そこでドタリと腹這いになって眠る。しかも人間かとまちがうような大鼾《おおいびき》をかいたりするものだから、ホントに君は犬かい？　などとからかいたくなったりするのである。

正裕は昼行燈《ひるあんどん》みたいだろ？　といって苦笑するのだが、温和しいというか無邪気というか、知らない者が見ると、この犬が本当にヒグマを相手に闘う犬だとは信じられないにちがいない。

しかし、そんな昼行燈の熊五郎も猟に出たときはもちろん、山に入ったときや有害駆除に駆り出されたときは家にいるときのあの悠揚《ゆうよう》な風情は嘘のように消えるのである。

正裕は有害駆除の要請を受けて番屋に入ることがたまにあるが、熊五郎が猟能を持つ犬だとわかってからは番屋にも連れていくようになっていた。

それは八月末のことだった。内地ならまだ真夏の勢いが残り、寝苦しい夜が続くところだろうが、知床にはすでに浅い秋の気配が漂いはじめていた。

正裕は知床半島先端付近のペキンノ鼻というところにある番屋で昆布漁をしている老漁師から、

「クマが出て困るのサ。番屋さ毎晩覗くしウロウロするし、仕事も手につかネくてまいってるさ。ちょっと見に来てケネか？」

そんな要請が出ていると聞かされた。ペキンノ鼻はアイヌ語名でヘケレノツといい、明るき岬という意味だそうだが、その言葉どおり明るい陽のあたる小さな岬が根室海峡に突き出しているようなところだった。番屋は岬の頸部《けいぶ》の山の斜面がゴロタ石の海岸に雪崩込んでいるようなところにポツリと建っていた。半島の先端付近だから陸路はなく、二時間ばかりかかるが船で行くしかなかった。

ヒグマが出てくれれば駆除するとして、とりあえず状況調査かたがた二、三日泊まり込んでみることにして正裕はペキンノ鼻にむかった。二時間ばかり船を走らせて海岸に船を着け、ゴロタ石の浜に降り立つとあたりに原始のままの風景が迫っていた。

船から降りた熊五郎は、ほんの少しばかりゴロタ石の臭いを嗅いでから、まっすぐ番屋に歩いていった。どうやらヒグマの痕跡はないらしく、緊迫した気配はなかった。

しかし、番屋で日がな一日何もせず、ただひたすらいつ出るかわからないヒグマを待っているのも手持ちぶさただった。熊五郎も陽射しの暖かな番屋の入口あたりで腹這いになり、惰眠《だみん》を貪っている。ヒグマが行動するのはほとんど夜が多い。陽のある時間を何か有効に使うことはないものか、と正裕は思った。そして番屋の近くを流れる川幅が二メートルもない小さな川に目を向けた。そろそろカラフトマスが溯《さかのぼ》る季節のはずである。河口や海に目を向けると、ときどき海面を飛び跳ねる魚が、いる。カラフトマスだった。正裕は、ヨシ、と呟いて立ちあがった。時間潰しと番屋での食料確保を兼ねて、カラフトマスを釣ろうと考えたのである。

回帰してくる時期でもあったのか、カラフトマスは群れていて、次から次へ面白いように釣れた。数本釣っては腹を裂き、雌の腹からは魚卵《すじこ》を取り出して塩漬けやしょうゆ漬けにし、身は雄も雌も塩しておく。

熊五郎は最初、そんな作業を番屋の前で退屈そうに眺めていた。ところが正裕が何尾目かのマスを釣りあげたとき、ムクリと体軀《たいく》を起こし、何ダカ面白ソウダネ、とでもいうようにそばに寄ってきて正裕を見上げた。そして、

「オレモ遊ビタイベサ、ヤラセテクレ！」

という目をした途端、正裕が釣りあげたばかりでまだバタバタしているマスをいきなり押えにかかったのである。

「ダメ！　何してるんだ、熊五郎」

正裕がいうと、しぶしぶマスを放す。しかし諦めたわけではなく、あげくはまだ鈎《はり》に掛かってぶらさがっているマスにまで飛びつくのである。

「コラッ、ダメだ。何度いえばわかるんだ、熊五郎。犬は魚なんか喰わないの！」

きつく叱られると、

「フン、何サ、ケチ！」

と拗《す》ねたような目をして少し離れたところに座り込んでしまった。これでマス釣りに集中できる、と正裕は思ったが、それが甘かったことに気づいたのはもう数本、マスを釣りあげたときだった。背後で何かがドサリ、ドサリと叩かれるような音を耳にして正裕が振り返ると、番屋の前の海岸の砂が、時折り跳ねあげられるようにして舞い上がっていた。竿を置いて行ってみると浅く掘られた穴の中で二、三本のマスが砂だらけになって跳ねていた。

——誰が……！

思いながら周囲《あたり》を見回すと、川の畔で背を屈め、川を覗き込んでいる熊五郎が見えた。

——まさか?!　熊五郎が獲った？

正裕は信じられない思いで熊五郎を見た。すると熊五郎は一瞬前肢《まえあし》の一本を挙げて水を叩くような動作を見せ、いっきに川に飛び込んだ。瞬《またた》く間もないほどの速技《はやわざ》だった。声を出す間もなくマスを咥《くわ》えた熊五郎が走ってくる。マスは激しく体をくねらせ、逃れようとするのだが、力の強い熊五郎の顎で噛まれているのでどうにもならなかった。そして熊五郎は番屋の前の浅く掘った穴のところへ来るとマスをその中に放し、クルリと体を反転させて四肢で地面を引っかいて砂をかけた。

「魚獲りしてたのか、熊五郎」

これでは猟犬ではなく、漁犬だと正裕は思ってゲラゲラ大笑いして笑い転げた。

「ナニサ、手伝ッテルノニ、何ガオカシイノサ！」

そんな顔をして熊五郎が笑い転げる正裕を見た。そんなことをしながら三日間が過ぎた。

マスはよく獲れたが、ヒグマは一度も現れなかった。

しかし、ペキンノ鼻に隣接するモイレウシというところに同じヒグマが出没しているという情報がもたらされたのは、それから一週間ばかり過ぎた九月初めのことだった。ヒグマは番屋の裏山から出てきて徘徊し、漁師を威嚇《いかく》することもあり、危険で仕事ができないので駆除してほしいという。

正裕は標津《しべつ》で電気屋をしている鉄砲仲間の斉藤泰和を同行して現場にむかった。そして漁師が証言したいつもヒグマが出てきて徘徊する「羆道《くまみち》」が見やすい位置をさがし、斉藤と二手に分かれて待機した。ヒグマを誘《おび》き出すための餌は置かなかった。いや、置く必要はなかった。正裕たちの「駆除」の目的はヒグマのハンティングではない。出てくるなというヒグマへの警告が第一目的である。だからこれでヒグマが出てこなくなればそれでいいのである。

しかし、一時間ばかり待機していたとき、やはりヒグマは「羆道」を通って出てきた。七、八十キロのまだ若いヒグマだった。

「デンキ屋さん、来たぞ、見えるか?」

無線を入れると、

「ああ、見えてる。ちょっと狙いにくい」

そんな返事が戻ってきた。ヒグマには何の警戒心もないようだったが、斉藤同様、正裕の位置もベストではなかった。正裕の隣ではすでにヒグマに気づいた熊五郎が、いつでもとび出していける体勢で構えていた。遠くで仕事をしている漁師たちはまだヒグマの出現に気がついていないようだったが、このまま放っておけばヒグマはまちがいなくそっちのほうに行く。何としてでもヒグマの動きを止めなければならなかった。絶対に狙いを外すわけにはいかない。どうするか……。

わざとハンヤにしておいて仕留めるという方法もある。が、それにしても場所が悪い。

そのとき、正裕の心中を読んだように、熊五郎がひと声鋭い吠え声をあげ、飛び出していった。待てッ、と声をかける暇もなかった。当然ヒグマもすぐに熊五郎に気づき、身を顫《ふる》わせて立ちあがると二本の脚で体を支え、激しく両手を振り回して威嚇した。真っ赤な口をあけ、臓腑《はらわた》が震えるような威圧感のある吠え声が美しい自然湾のモイレウシに響きわたる。

「無理するな、熊五郎！」

正裕は心の中で叫びながら後を追った。

熊五郎は一旦ヒグマの脇をすり抜けるようにして後ろに回った。ヒグマの体勢を崩そうとする戦略だった。

しかし、ヒグマは巨体でありながら驚くほど敏捷《びんしょう》な動きのできる動物だった。後ろに回り込んだ熊五郎におおいかぶさるようにして攻撃してくる。熊五郎も巧みだっ突いては引き、引いては突くと緩急を取りまぜながらヒグマの隙を作る。後肢や尻、時には背と、チャンスがあればヒグマに牙を立てる。

そんな闘いがどれぐらい続いただろうか。ほんのわずかな隙を突いてついに熊五郎がヒグマのノド首に喰らいついた。ヒグマは何度も振り外そうとしたが、熊五郎は振り回されながらも放さなかった。徐々にヒグマがパワーを落していくのが見ていてもわかった。タイミングを見はからって、正裕がヒグマに留《とど》めを入れる。

「もういいぞ、熊五郎、放してやれ。もう逝《い》ったワ」

斉藤がいい、熊五郎の首輪を持つと熊五郎はガウゥッと唸り、もう一度顎に力を入れて噛み直してから放した。

ヒグマの爪に掛けられていても不思議ではないような激しい闘いだったが、熊五郎には掠《かす》り傷ひとつ、なかった。

主人を先導する

深い藪であった。人の背丈より高い笹が一寸先も見えないほど強烈に生い立っていた。正裕は胴付長靴《ウエーダー》を穿《は》いたまま、すでに山を三つ越え、かれこれもう三、四時間歩き続けていた。苦しい思いをしながらも歩き続けたのは何としてでもハンヤ羆《ぐま》を押えなければという駆除者としての使命感だった。しかし、熊五郎を連れてこなかったのはやはり誤算だった。正裕は藪を漕ぎながら何度も熊五郎を連れてこなかったことを悔やんだ。

家族連れが暮らす番屋にヒグマが出没し、危険な状態が続いているということで駆除要請を受けた正裕はとりあえず状況を見るために船で現場へむかった。万一を考えて銃は携行していったのだが、まさか上陸しないうちにヒグマが出てくるなど、想像もしていなかった。

船を繋留《けいりゅう》する岸壁などないところだから、船は岸近くの浅いところで停め、アンカーをかけてから胴付長靴を穿いて海に入り、そして上陸するのである。

ゴロタ石の浜を歩くヒグマを発見したのはアンカーを掛け、上陸しようと思って胴付長靴に穿きかえてすぐだった。海におりて上陸している余裕はなかった。正裕はすぐに銃を準備し、弾を装塡《そうてん》して狙いをつけた。

ただ、アンカーを掛けたとはいえ、船は完全に静止しているわけではなく、狙いにくいのはたしかだった。それでもヒグマを狙えたのは正裕に流氷の海でトド猟で培ってきた経験があったからかもしれない。

狙いをつけた正裕に気づいたのか、徘徊していたヒグマが一瞬立ち止まり、ギロリと睨んだ。ほとんど同時に正裕は銃を放った。ヒグマが体軀を反り返らせ、宙を飛んだ。

しかし……。そのまま斃れるかと思えたヒグマは素早く身をおこし、山へむかって疾走したのである。ハンヤだった。正裕は即座に追走した。その追跡が四時間近く続いていたのである。

ヒグマは笹藪を抜け、樹林の広がる森の中にいた。笹藪を抜ける直前、正裕は笹を握った軍手に血がついているのに気づいた。まだ新しい血痕だった。近くにいる！正裕は全神経を集中させた。

ヒグマは樹林の中の木の陰で、正裕を待ち構えるようにして立っていた。そして正裕を認めると宙を跳び、まっすぐ正裕にむかってきた。銃弾一擲《いってき》。ヒグマの爆走は正裕の数メートル目前で止まった。ゴソリとも動かなかった。正裕はヒグマを完全に仕留めたことを確認し、山を下った。ヒグマを一人で回収することはできないため、応援を要請する必要があったからである。

一旦町へ戻り、役場の職員や仲間を集め、熊五郎を連れて再び山へむかった。仕留めたヒグマのところへ行くのに、熊五郎の追跡能力が役に立つのではないかと思ったのと、途中で別のヒグマに遭遇したときの護衛にもなるからである。

海岸に降りた熊五郎は正裕の想像どおり、何の迷いもみせずにまっすぐ山へ入っていく。熊五郎は耳を伏せて体勢を低くし、正確に笹藪の中を抜けていく。しかし、それはいつものように獲物を追っているときのものとはちがった。ひたすら獲物を追うのではなく、後ろから人間がついてきているのを認識しているような歩き方である。

正裕たちは深い藪にてこずり、ともすると熊五郎に遅れがちになった。が、熊五郎は少しでも正裕たちとの距離が広がると正裕たちが追いつくのを待っていたり、あるいは戻ってきてダイジョウブカイ？　という顔をして再び歩き出したり。熊五郎は先導役《ガイド》として歩いていくのだった。

そして、ドンピシャリ。熊五郎は一度も迷うことなく、正裕が斃したヒグマのいるところに行き着いたのである。


「迎え芸」

熊五郎が三歳になるころから見せるようになった不思議な芸がある。「迎え芸」とでも名付けたくなるような行動である。それを猟芸とか猟能といってしまっていいのかどうかはわからないが、おそらくこんな行動をする犬は少ないのではないか、と思う。

　正裕がそれに気づいたのは熊五郎が三歳になった年の春、鉄砲仲間とともにヒグマを追っていたときだった。

　正裕が経営するホテルから数百メートル町に向かったところに町営プールがある。多くの町民に利用されているプールだったが、その近くにヒグマが出没し、危険情報が出されていた。あまりに頻繁《ひんぱん》に出没するため幼稚園や保育所はもちろん、小中学生も集団登下校を徹底させる騒ぎになっていた。

　そしてまたヒグマが出没してプールのあたりを徘徊しているという情報がもたらされ、駆除要請が出された。正裕は熊五郎を連れてすぐ現場に駆けつけた。応援を要請した町に住む猟友会の仲間も来ていた。

「どこさ行った？」

　仲間が訊く間もなく、プール前の道路のむこうを睨んでいた熊五郎が体軀を低くして四肢で地面を引っかいた。グワゥ……と唸る。近くにいる！　と察した正裕はあたりを見回した。と、道路脇の灌木《かんぼく》が生い繁る藪の中で黒い塊が動くのが目に入った。

「ドウスルベサ、行クカイ？」

熊五郎がそんな目で正裕を見上げた。正裕はまだだ、というように熊五郎に目くばせし、銃を構えた。そして引鉄《ひきがね》を引いたが、銃弾は木の枝でも弾いたのかヒグマの急所を外れた。ハンヤだった。銃音と同時にヒグマが身を翻し、藪におおわれた山の斜面を登りはじめた。熊五郎も銃音と同時にダッシュし、ヒグマにむかっていた。が、熊五郎が来たと察知したヒグマの足も速かった。ハンヤになっているとは思えないほどの速さだった。あっという間にヒグマも熊五郎も藪のむこうに姿を消した。正裕も仲間も急いで後を追った。

正裕は二人で同じところを追うのも効率が悪いと考え、二手にわかれて追うことにした。

正裕が山をひとつ越えたとき、

「ナカさん、熊五郎、戻ってきたべや……」

沢伝いに追っていた仲間から無線が入った。

「ナニ? 戻ってきた……。で、熊五郎はいまそこにいるのか?」

「あ、いや、また行ったでや、何したべ?」

正裕は妙だナ、と思った。しばらくするとまた同じような無線が入る。熊五郎の奇妙な行動を不審に思った正裕は仲間のいる位置を聞き、合流することにした。

「どうした?」

「いやいや、よくわからんさ。まだ羆《オヤジ》さ追ってはいるみたいなんだども、二度も戻ってくるんだもンナ」

わけがわからないといった表情で仲間が答えた。藪のむこうで熊五郎がグァン！と吠えたのはそのときだった。

押えたか、と思って正裕たちが駆け出すとこちらに走ってくる熊五郎と出会った。熊五郎は正裕の姿を認めると、コッチダ！とばかりにまた奥へむけて走り出した。そして急に立ち止まり、一本の楢の木を見上げて、グァン！と吠えた。

「……?」

熊五郎に促されるようにして見上げると、ハンヤにしたヒグマが木の上に登り、正裕たちを見おろしていた。

仲間が歩いていた場所は熊五郎が正裕のところへ行くより近い。猟友会の仲間を自分の仲間だと思ったのかどうかはわからないが、熊五郎はヒグマを木の上に追いあげて逃げ場を断ち、呼びに来たのはまちがいなかった。

そんな「迎え芸」が一回だけのことなら偶然とも思えるのだが、それからほぼ一ヶ月後にも同じような芸を見せたのである。

市街地からさほど離れていないサシルイの工事現場にヒグマが出没し、駆除要請が出たときのことである。折しも黄金週間《ゴールデンウイーク》のころであり、ホテルの客も多く、正裕も多忙の時期だったが現場は人家のすぐ近くでもあり、放っておくことはできなかった。

しかし、現場に駆けつけてみるとヒグマの姿はすでになかった。しかも聞いてみると姿を消してから三時間ばかりも過ぎているという。遅かりし……ではないが、一応安全のために付近をパトロールしておくことにした。普通なら姿を消して三時間も経過していると山奥に逃げ込んでいるので安全確認をして引きあげるところである。それにヒグマの痕跡も時間とともに薄れるので、いかに熊五郎といえども臭いがとりにくくなり、追跡は不可能になるところである。

「熊五郎、ちょっとだけパトロールしてみるかい……」

正裕が呟き、ヒグマが歩いていったという山の斜面につけられた鉄製の工事用階段を見上げると、熊五郎は嫌がりもせず、ガッテンとでもいうように階段を登りはじめた。四肢と体軀の屈伸を使い、どんどん登っていく。階段は急で数メートル登るだけで息切れするほどだった。しかし熊五郎はそんなことなど何の苦にもならないようにどんどん登っていく。いや、それどころか階段の半ばを過ぎたあたりからスピードが速まったようにも思えた。正裕との距離がみるみるうちに広がっていく。何と元気のいい犬《やつ》だ、と正裕は息を切らしながら思い、そしてハッとしたように熊五郎を見た。ひょっとするとヒグマの痕跡を嗅ぎつけたのではないかと思ったのである。そう思えば尋常な登り方ではなかった。

熊五郎は正裕が階段の半ばあたりに来たときにはすでに登りきり、森へ疾駆するところだった。

やっとのことで階段を登りきり、正裕も森に踏み込んだ。しかし熊五郎の姿もヒグマの姿もなく、どちらへ行ったのか杳《よう》としてわからなかった。正裕は一人で森を歩き回ることに危険を感じ、しばらく行ったところで身を沈めた。熊五郎がヒグマを発見すれば独特の鋭い吠え声をあげるはずである。正裕はその時を待つことにしたのである。

しかし、熊五郎の吠え声は聞こえてこなかった。ゾクリと正裕が山の寒さを感じたとき、森の木陰からひょこりと熊五郎が姿を現した。一時間ばかりが過ぎたころだった。

「……？　やっぱり、いなかったか」

正裕が呟いて立ちあがると熊五郎が体軀の向きをかえ、再び森の奥への道を行こうとする。行くべ《カモン》！　というように顎をひと振り。

「いるのか？　みつけたのか？」

いい、正裕は半信半疑で熊五郎のあとを追った。

熊五郎は正裕を先導するようにしてしばらく走り、樹林が疎《まば》らになるあたりで歩を緩めた。単純に歩足を緩めたというより、全身を警戒の鎧《よろい》で固めるといった感じである。そして正裕のいるほうへ振り向き、ホレ、アソコというふうに一本の木の上方に顎を振ってみせた。

熊五郎が示したほうに目をやると、一本のダケカンバの木の上に、ヒグマが攀《よ》じっていた。子グマだった。正裕が樹上の子グマのことに気づいたのを見届けると同時に熊五郎がダッシュし、六、七メートル走って、グァン！　と吠えた。その声に応戦するように突然、藪の中からヒグマが飛び出してきた。二百キロ以上はあると思えるヒグマで、樹上の子グマの親だと思われた。

ヒグマは真っ赤な口を開けて吼《ほ》え、鉄のように鋭い掌の一撃を熊五郎めがけて振りおろした。と同時に熊五郎が巧みに身を沈め、ヒグマの掌は熊五郎を掠《かす》めるようにして宙を切った。正裕は撃つタイミングを見定めるようにして銃を構えていた。熊五郎はそれを心得ているのか、撃ちやすい状況を作り出すような闘いを展開していた。

「今だっ！」

思うと同時に銃を放つと、小枝を押し裂くような音をたててヒグマが斃れた。初弾。命中だった。

一方、樹上の子グマはその状況にあわてたのか、弾かれたようにしていっきに下へむかってすべり降り、地面から三、四メートルのところで宙に跳んだ。熊五郎は子グマが地面に着地すると同時に跳びかかった。ヒグマと熊五郎の猛烈なとっ組み合いだった。子グマとはいえヒグマの体軀は熊五郎よりひと回りもふた回りも大きかったが、熊五郎は果敢に挑み、負けてはいなかった。上になったり下になったりしながら森の中を転げ回る。熊五郎は猛然とヒグマに喰らいつき、ついにヒグマの首に嚙《かじ》りついて動けなくしていた。熊五郎の完全な勝利だった。

ヒグマを仕留め、

「よし、もういい」

正裕がいって熊五郎の首輪を持つと、熊五郎はいつものようにもう一度グッと力を入れて嚙み、放した。そしてハッハッと荒い息を吐きながら、静かに座った。

第五章　危機一髪

誘拐未遂事件

犬には帰巣《きそう》能力がある、といわれている。放し飼いされる犬がほとんど見られなくなった今日ではあまり見ることのできない能力といっていいかもしれない。

帰巣能力というのは飼われている家に帰ってくる能力とでもいえばいいだろうか。実際にそういう能力があるかどうかについては未だに確実な実証はされていないといぅが、しかし、現実に何百キロ、何千キロも離れたところから帰ってきたという実話もあるのだから、そういう能力もあるのかもしれない。

猟犬についていえば猟の折りに、発信機をつけることが多い。獲物を追っている猟犬の位置を確認するという意味とともに、獲物を追いすぎて迷った犬を探すという意味もあるようである。

正裕も猟のときや散歩のときには熊五郎に発信機をつけているのだが、そのきっかけは熊五郎が子供のころの苦い経験であった。

子供のころの熊五郎の散歩は正裕にとって時には忍耐の苦行を思わせることがあった。山の散歩は熊五郎を放してから再び元の場所に戻ってくるまでに平均して二時間ほどだったが、ちょっとしたことがきっかけで四時間も五時間もかかることがあった。時間がかかっても戻ってくるのだから迷っていたわけではない。途中で小動物やシカに遭遇し、それを追って時間がかかることがほとんどだった。

しかし、待っても戻ってくるのはまだよかった。ひと晩たっても帰って来ず、鉄砲仲間にも捜索を要請して回収したことも何度かあった。そんな中で正裕がほとんど捜索を諦《あきら》めかけたような事件がある。

ホテルから知床横断道路をたどって散歩に連れて出たときのことである。綱を振り切り道路を勢いよく走り出した熊五郎はそのまま途中でひょいと山に入ってしまった。正裕は仕方なく車の中で待ち続けたが、四時間が過ぎ、五時間が経《た》って陽が落ちても帰って来なかった。翌日もまたその翌日も捜しに出たが帰ってくる気配は、ない。鉄砲仲間も仕事を放り出すようにして懸命に捜してくれたのだが、行方は杳《よう》として知れなかった。ひょっとすると知床横断道路をたどって半島の反対側にある宇土呂《うとろ》へ出たのではないかとも考えて行って捜したが、見つからなかった。

十一月に入り、狩猟は解禁になっていたがこのあたりは国立公園に指定されているので狩猟は禁止だから、ハンターが獣とまちがえて誤射したということも考えられなかった。

何処《どこ》にいったのか……心あたりはほとんど探し尽くし、正裕にはまったく見当がつけられなくなっていた。そんな虚しいような日が続き、一週間が過ぎた日のことだった。

「第一《ダイイチ》ホテルさん、いたかい？」

役場職員の池田がひょっこりと事務所に入ってきた。

「さっき温泉検査で上の源泉さ調べに行ったんだけど、山で犬のなき声を聞いたのさ。熊五郎でないかと思ってネ、知らせに来たさ」

池田がいうのだった。正裕は池田から犬のなき声を聞いた場所を訊《たず》ね、すぐに走った。池田が教えてくれたところは急な山の斜面が沢にむかって落ち込んだようなところだった。正裕は何ひとつ見落すまいという目で斜面を見上げたが、熊五郎らしい姿はもちろん、鳥一羽見ることができなかった。

まさか池田の空耳では……とも思ったが、自信のありそうな池田の口ぶりを信用し、登れるところまで斜面を登ってみようと思って急斜面にとりついた。そして数メートル攀《よ》じ登ったところで正裕は、クァン……という犬のなき声をたしかに聞いた。今まで聞いたこともないような心細い声だった。

だが、あたりを見回してみても熊五郎の姿は、ない。

「オオイ、クマ、熊五郎ッ！」

叫んでみてもなき声は返ってこない。正裕は斜面に生えた木に摑まったまま熊五郎の姿を探した。ケガでもしていて藪《やぶ》に蹲《うずくま》っているのではなかと思い、上方に続く藪の中を透かすようにして見てみたが熊五郎の姿はなかった。

何処に行ったんだ……と少し焦りを感じながら体を横にずらせたとき、正裕はもしか、と思った。正裕のいる数メートル上方にオーバーハングしたところがあり、その下が死角になって見えなくなっていた。熊五郎はそこに陥《お》ちて身動きできなくなっているのではないか、と思ったのである。しかしそこへこのまま素手で到達するのは不可能だった。オーバーハングした斜面の下は崖というより直截《ちょくさい》な壁になっていて、上からザイルをおろして行くしかないような危険な地形だった。

正裕は、

「熊五郎、今助けてやるから動かずに待っているんだぞ！」

声をかけ、一旦家に戻ってロープを持ち、再び山へ戻った。熊五郎がいると思われるところへはまっすぐに行けないので迂回するように山を登り、オーバーハングの上に出た。正裕はそのときもう一度、熊五郎のあの心細そうななき声を聞いた。まちがいなかった。

ザイルを準備し、オーバーハングをおりていくと、グサリと壁が掘れたようになった一角に、熊五郎が四肢で立ち、正裕を見上げているのが見えた。正裕が壁の窪みに降り立つと、熊五郎が嬉しそうに尾っぽを振り、正裕の足元に寄ってきた。脚、背、腹、首、調べてみたがケガをしているところはなかった。正裕は熊五郎を抱きかかえると自分の体に縛りつけ、オーバーハングの下のほうに降りていった。そしてザイルが不必要になるところまで来ると体から解《ほど》いて熊五郎をおろした。

地面におろされると同時に熊五郎は猛スピードで斜面を駆けおり、横断道路を渡ってむこう側にある羅臼川の川原に走っていった。

「コラッ！　帰ってこい、熊五郎!!」

正裕は熊五郎がまた逃走したのだと思い、あわてて後を追った。しかし熊五郎は川原で腰を落としたような姿勢でこちらを見上げ、じっとしていた。正裕の目に、山のように放たれた熊五郎の雲古《うんこ》や御叱呼《おしっこ》が見えた。

「……！」

熊五郎はあの壁の窪地で排便もせずに我慢していたにちがいなかった。家や事務所でも排便は決してしない。排便は山に行ったときにするもの、ということが身についているのだろうか。

ひとしきり排便をすませた熊五郎は尾っぽを振りながら川原を上がって来、

「サ、帰ルベ、腹減ッタワ」

という顔をしてホテルにむかって歩きだした。

もうひとつ、発信機がないばかりに笑うに笑えない経験をしたことがある。これもやはり散歩に連れていったときのことだったが、三、四日が経っても戻ってこなかった。正裕はすでに発信機を注文していたのだが取り寄せのため、まだ手元に届いていなかった。

正裕は毎日探し歩いたが、何の手がかりも見つけられなかった。

そんなある日、ホテルの外来入浴に来た知りあいの漁師が、

「犬さ他処《よそ》にくれてやったのかい？」

と訊《き》くのである。

「いや、まさか……。」

正裕が首を振ると、

「ンだベナ。したけど○×の番屋で繋《つな》がれてるのをみたものでサ、てっきりくれてやったのかと思ったんだワ」

そんな話をするのだった。羅臼に熊五郎と似た犬がいるのかどうかはわからない。ひょっとすると熊五郎に似た犬かもしれないが、見るだけ見てみようと思って正裕は教えられた番屋に車を走らせた。

車を停めて外に出ると、番屋の入口あたりで綱に繋がれ、こっちを見て激しく尾を振る熊五郎の姿があった。

「熊五郎……」

いって正裕が駆け寄り、

「この犬、どうしました？　ウチの犬なんだけどネ」

番屋の前で漁網を繕《つくろ》っていた初老の漁師に声をかけると、

「アン？　ああ、この犬かい。こいつはこのあいだ来たんだ。おとなしくて人懐《なつ》こいし、何処から来たのさって訊いてもいわネし、それでマ、子供たちも可愛がるんで飼ってやるべということになってサ、そっかい、おたくの犬だったってか。いやいや、ナンモ知らなかったものだでや」

アハハと笑った。正裕は散歩の途中に熊五郎が行方不明になった経緯《いきさつ》を説明し、丁重に礼をいって熊五郎を引きとった。

吠えもせず、唸《うな》りもしないおとなしい犬。それがかえってこんな珍妙なことをひきおこしたのだろうか。

発信機が到着したのはそれから数日後のことである。発信機の装着を嫌がる犬もいるというが、熊五郎は最初から何の抵抗もなく受け入れた。

もし熊五郎があのまま番屋の番犬になっていたら……。まちがいなくヒグマと闘う紀州犬はいなかったにちがいない。それに、番犬として飼われることで熊五郎の受け継いできた血は報われたか、どうか……。

魔の大角

熊五郎が三歳になるころにはすでにエゾシカやヒグマとの闘いを何度か経験し、ひと回りもふた回りも頼母《たのも》しくなり、体軀《たいく》も逞ましくなってきていた。ヒグマの駆除要請だけでも毎年平均百回以上が出される羅臼のことだから、熊五郎がそんな場に出ていくことも多かった。そして一回一回、激しい闘いが繰り返される実猟を経験しながら熊五郎は猟を覚え、闘いの方法を身につけてきていた。強いていうとそれは決して人間が猟訓練を施《ほどこ》して覚えさせたものとはちがい、熊五郎が受け継いできた遺伝因子が結実開花した猟能だといっていいかもしれない。

しかし、熊五郎はすべて優位な闘いをしながら猟を覚えてきたわけではない。一歩状況がちがえば地獄を見たかもしれない危機も経験している。そしてそれは日本での地上最大最強野生動物といわれるヒグマだけでなく、エゾシカとの闘いでも経験している。

熊五郎が三歳のころ、北海道全域でエゾシカが増え、深刻な被害があいついでいた。猟期ではあったが正裕たちも猟友会仲間数人が集まり、駆除かたがた巻き狩りをすることになった。巻き狩りというのは藪や樹林に潜む獲物を数人の「勢子《せこ》」役のハンターが追い出し、撃ち手が獲るという数人がかりの共同猟である。

猟場に入って一、二時間後、勢子に追われた大ジカが姿を現した。実際に追い出したのは勢子というより熊五郎だった。藪や雪原を走るシカを熊五郎も全速力で追った。立派な角《つの》を生やした百四、五十キロはある雄の大ジカだった。

大ジカはやがて藪を出て斜面を下り、川原にむかった。川はささ濁りした水が激しく流れている。大ジカはそこで一瞬躊躇《ちゅうちょ》する素振りをみせたが背後に迫る熊五郎から逃がれるようにして川に飛び込んだ。追っていた熊五郎は何の躊躇《ためら》いも見せず、大ジカに続いてダイビングした。その場は正裕が待っているところからも樹林を通してだがよく見えた。熊五郎が飛び込んだ瞬間、正裕は、ア、流される、と思った。流されて溺れることはあるまいがせっかくここまで追いつめた大ジカを見失うことになる。そして正裕の想像どおり、飛び込んですぐに熊五郎は流れに体をさらわれそうになった。

大ジカはその気配を察したのか川の半ばあたりで立ち止まり、フッフッと荒い息を吐いた。エゾシカの息は低い気温の中で白い蒸気になり、四散した。誰かが放った銃の音が渓間に谺《こだま》したのはそのときだった。同時に大ジカの体軀が跳ね、対岸の川原に走った。

「〇〇サン、撃ったのか？　当たったのか」

無線で誰かが訊いた。

「ああ、尻だ。ハンヤだワ！」

正裕はそんなやりとりを聞きながら熊五郎を見ていた。銃を放《はな》とうにも樹林が邪魔して撃つことができなかった。正裕の視線の先には激流に流されながらも巧みな瀬渡りで大ジカを追う熊五郎の姿があった。しかし、大ジカはすでに川をあがり、土堤の斜面をあがろうとしていた。しかし、積もった雪に脚をとられるのか激しく踠《もが》くようにし手間どっていた。細い脚が雪にはまり、かえって動きにくくなるようだった。大ジカ数メートル下流の川原に渡り着いた熊五郎は猛烈な勢いで迫った。大ジカも必死だった。土堤を脱出すると崖になっている山の斜面に向かった。すでに熊五郎はすぐ後ろに来ていた。突然、大ジカが反撃に出たのはこのときだった。走一辺倒だった大ジカがいきなり体を半転し、頭を下げて角を突き出し、熊五郎にむかってきたのである。熊五郎も一瞬驚いたようで上半身をくねらせた。ほんのわずかばかりバランスを崩したようだったが、大ジカはその一瞬の隙をのがさなかった。熊五郎に突きつけていた大角を鋭く突きあげたのである。ギャーン！ と悲鳴のような熊五郎の叫び声が谺《こだま》した。悲痛な声だった。熊五郎はそのまま宙を飛び川の中に落ちた。落ちたと同時に大ジカの角で押えられていた。

「殺《や》られたッ！」

思った瞬間、正裕は走り出していた。転がるようにして斜面をおり、川原に出た。大ジカはそれに驚いたのか熊五郎から角を外し、再び山へむかって走り出した。殺殺られたかと思えた熊五郎もすぐに川から飛び出し、大ジカを追った。崖下のあたりで熊五郎が大ジカに跳びつき、尾骶骨《びていこつ》のあたりに囓《かじ》りついた。大ジカは動きを止められ、荒い鼻息を吐き出して天を仰ぐように目を瞠《みひら》き、顔を上向けた。正裕が仕留めるには十分な距離と角度だった。

大ジカを斃《たお》したところに駆けつけると、ナニヨッ！　という厳しい顔で熊五郎が大ジカを睨みつけていた。

「熊五郎、傷《や》られたか？　どれ、見せて！」

いって正裕が調べると、下腹あたりから背にかけて大ジカの角がかかった痕《あと》があった。幅数センチ、長さ数十センチにわたって剃刀《かみそり》で毛を剃《そ》ったような痕がついていた。危機一髪で槍か剣のような大ジカの魔のひと突きを逃がれたようであった。

悪夢のような一瞬

知床では珍しく暑い日が続いていた。最果ての羅臼で、日中の気温が摂氏三十度以上になることなどはめったにないことだが、その年の夏は三十三、四度に上昇するような日が何日かあった。正裕のその季節の日課は、毎日午前中に羅臼岳に登ることだった。昨今の自然愛好家の増加もあってか試みに始めた羅臼岳トレッキングに人気が集り、ほとんど毎日ツアー客を伴って羅臼岳に登っていたのである。

中でも多いのはブームでもあるのか中高年客が多かった。正裕はトレッキングガイドとして高山植物や花の名を教えたり、知床の自然について説明したり案内したりするのである。ガイドしてゆく中で最も多いのが、

「羅臼ってヒグマがいるのでしょう。山を歩いていてだいじょうぶですか。途中で出会うことはありませんか？」

というような質問だった。

まだそれほど気温が上昇していない午前中とはいえ夏の暑さはさすがにこたえ、ホテルに戻ったときには深い疲労感があった。トレッキングに疲れるのではなく、暑気に疲れるのである。人間だけでなく熊五郎も連日の暑さにバテ気味で、ぐったりしていた。暑さに弱いというのは熊五郎もすっかり「羅臼の犬」になったということだろうか。

ひと組のトレッキングツアーを案内し、戻ってきたところにヒグマが出たのですぐに来てほしいという駆除要請を受け、正裕は着替えもそこそこに現場に走った。熊五郎は素直にいつも指定席になっている後部席に乗り込んだがさすがに暑さがこたえるのか腹這いになってハッハッと荒い息をしていた。

現場はホテルからそう遠くない街の外れだったが、裏に山をひかえて民家が数軒建っているところだった。ヒグマが出てどのぐらい時間が経《た》ったか訊いてみると一時間

も経過していなかった。

「ヨシ、熊五郎、行ってみるか」

そういって後部のドアを開けると熊五郎が飛び出し、まっすぐに民家の裏に広がる笹藪にむかった。余裕があるときなら車から降りるとまずは排尿をするところだが、熊五郎はそれもせず、笹藪に向かったのである。

「いる、近いぞ！」

と正裕は思った。熊五郎の体軀からはピンとした緊迫感が漂っていた。その熊五郎の後を追おうとして正裕は突然足を止めた。目の前に広がる藪の十メートルばかりむこうがガサガサと動いていたからである。人間の背より高い笹藪だったが、あきらかに何かが動いていた。暑さでたちのぼる草いきれに混じって、独特の獣の臭いも漂っている。アンモニア臭とでもいうか、肉が饐《す》えたようなヒグマの臭いだった。

「これは?!　ヒグマの策に嵌《は》まったか……」

正裕は危険を感じ、一旦後戻りして笹藪の外に出た。エゾシカは闘いになると、最初は山の斜面など高いところへ逃げたり藪の中に走るが、結局は比較的開けたところで闘おうとする。しかしヒグマは逆だった。敵を藪の中や高いところなどへ引き込み、決戦をかけようとする。藪へ誘い込んだのはヒグマの戦略だった。

正裕がそんなことに気づき、藪から脱け出して熊五郎を呼び戻そうとしたとき、熊五郎のギャーン！　という叫び声がおこった。悲痛な声だった。そして叫びがあがった直後、笹藪の中から体軀を丸めるようにした熊五郎が飛び出した。撥《は》ねあげられたような飛び方だった。熊五郎は人の背丈より高い笹藪の数十センチ以上も上を飛んでいた。

「あッ、しまった！」

ヒグマが振り出した悪魔のパンチにかかったのはまちがいなかった。瞬間、殺《や》られたと思った。悪夢のような一瞬だった。

熊五郎の姿が再び藪の中に落ち、ドタリと落下する音を聞くと同時に正裕は走り、

「熊五郎ッ！」

と叫んだ。それに応えるように熊五郎がグァン！　とひと声吠え、再びヒグマの追撃にかかった。ヒグマは熊五郎を叩きあげると同時に逃走したのか、すでに姿がなかった。

「クマ、もういい。追うな。やめろ！」

正裕がいって立ち止まると、熊五郎も立ち止まり、

「イイノカイ？」

という顔で振り返った。

驚いたことに熊五郎は掠《かす》り傷ひとつ負っていなかった。不覚にも熊五郎がヒグマの悪夢の強烈パンチを見舞われたのは異常な暑さゆえの暑気バテか、それとも猟技の未熟さか。いずれにしても熊五郎にとっては痛い経験であり、またひとつヒグマとの闘いの難しさを教えられたにちがいない。

熊五郎が笹藪に引き込もうとするヒグマの誘いに安易に乗ることなく、思考する闘いを見せるようになるのは、そんな経験に裏打ちされているのかもしれない。

第六章　あくなき闘志

欺きの果て

切り立った地形の続く羅臼では、家並みも海岸線に沿って続いている。人家の周辺に行けば食べ物があることをヒグマが知っているからか、羅臼では人家近くにヒグマが出没する可能性は常にあるといっても過言ではない。そうして人間の食べる「食料の魅力」にとりつかれたヒグマは人家に踏み込んだり、人間に被害を及ぼすものも出てくる。駆除要請が出されるのはこういうヒグマである。いま羅臼でも奥山放獣をはじめさまざまな共生の形が模索され、試みられてはいるが、コレといった決定策が見出されていないのが現実である。奥山放獣というのは箱罠《はこわな》でヒグマを捕獲し、麻酔で眠らせてから体重や体長などの個体調査をしたあと、追跡調査のための発信機をつけてしっかりとお仕置きしてから山奥へ放す、という方法である。麻酔から目ざめたヒグマは箱罠を叩いたり犬に吠えさせたり、あるいはヒグマが嫌がるトウガラシスプレーを噴きかけたりして人間への恐怖心を植えつけ、人里に近づかないための警告を与えておくのだが、羅臼ではそんな仕置きをされてもまた出てくるヒグマがいるのである。

海岸沿いに家並みが続いているからか、羅臼では本来山奥に棲息《せいそく》するはずのヒグマが、海岸を徘徊しているのを見ることも多い。中には山で暮らすより海岸徘徊を得手《えて》とするようなヒグマも、いる。

熊五郎がてこずらされたのも、そんな海岸徘徊の常連羆《ぐま》だった。こういう海岸徘徊を得手とするヒグマの闘い方は、山で決着をつけようとするヒグマとはちょっとばかりちがっていた。いや、海岸徘徊のすべてのヒグマがそうだというのではなく、熊五郎がてこずったそのヒグマが普通のヒグマとはちがっていたといったほうがいいだろうか。

海岸を徘徊するヒグマがいる、という話を正裕が聞くようになったのはいつごろのことだっただろうか。最初は海岸をうろつく奇妙なヒグマがいるものだといったような見物的なニュアンスだったのだが、そのうち人家の前を歩いたり人家の飼犬を叩き斃《たお》したりと、被害が報じられるようになってきた。ただ海岸を歩くだけのヒグマは稀にいるし、直接被害もないとなると駆除要請が出されることもなかっただろうし、正裕が現場に出ることもなかったかもしれない。しかし実害が出はじめたとあっては放っておくことができなかった。目撃者から話を聞いてみると誰もが両肩から胸にかけてV字型の白い条紋の入ったヒグマだというから、何度か目撃されたヒグマは同じヒグマだと思われた。

海岸を徘徊するヒグマが出没しているという情報を受け、正裕はすぐに現場に走った。そのヒグマは海岸沿いに続く国道からも見ることができた。ゴロタ石の海岸を往《い》ったり来たりしながら、海岸に積みあげてある漁網の臭いを嗅いだり、あるいは人家の数メートル前を平然と歩いたりしている。大きさは正裕の経験からするとどんなに大きく見積っても二百キロはなく、百五十キロぐらいではないかと思われた。

「とにかく一度熊五郎をかけて山のほうに追わせてみるから」

駆けつけていた猟友会の仲間にいい、熊五郎を放した。熊五郎ももちろんヒグマを感知していて、いっきにむかっていった。

「オッ！　ナ、ナ、ナンダ、ヤルノカ」

熊五郎のほうを睨《にら》みつけてヒグマは身構えた。熊五郎はゴロタ石の上を石飛びでもするように身軽に跳び、駆けた。そしてヒグマと熊五郎の距離が十数メートルになったとき、身構えていたヒグマが体軀《たいく》を浮かせ、突然熊五郎がいるほうとは反対の海のほうへむかって、跳んだ。数メートルはある跳躍だった。

普通ならヒグマは熊五郎を迎え撃つ山へむかうところだが、着地するとどういうわけか海岸線を横切るように疾駆《しっく》しはじめた。ゴロタ石の上より砂利状になった水際のほうが走りやすいのか、しばらくは水際の疾走が続いた。熊五郎は砂利に出てヒグマを追おうとはせず、ゴロタ石の上をヒグマに併走するようなかっこうで走った。

すぐ前方に消波《しょうは》ブロックが迫っていた。

「罷《オヤジ》さあの上に上がるべ。したら撃つか」

猟友会の仲間がいい、銃を準備した。その予想は当たり、ヒグマは水際から跳躍すると消波ブロックにとり着いた。しかし、それから先が猟友会の仲間の予想とはちがっていた。消波ブロックにとり着いたヒグマはそのままスルスルとブロックの隙間に潜《もぐ》り込んでしまったのである。

「あらら、何した？　何処《どこ》行くつもりだべ」

仲間がいったとき、熊五郎もゴロタ石から消波ブロックに跳び上がり、隙間に潜って姿を消した。深追いしては危険だ、と思うと同時に正裕はすぐにヒグマは消波ブロックを上がってくるだろうと考えた。ヒグマは藪《やぶ》の中や樹林の中に引き込んで勝負をかける巧者だが、いかにヒグマが闘い上手とはいえ、さすがに自由に動けず、熊五郎に追い出されて消波ブロックから出てくるにちがいないと思ったのである。そのときがヒグマを狙うチャンスになるかもしれない……。

十五分、二十分。じりじりとして待ったがしかし、ヒグマは姿を現さなかった。やがて消波ブロックの上に姿を見せたのは熊五郎だった。熊五郎にはヒグマと闘ったような感じはまったくなく、消波ブロックをおりるとゆっくりした足どりで正裕のいるところへ戻ってきた。どうしたのか。何があったのか。そしてヒグマはどこへ行ったのか……。正裕にもわからなかった。

正裕は一応ヒグマの痕跡を調べておこうと考えて消波ブロックへむかい、その上を歩いてみることにした。ブロックの中は複雑な組み合わせになっていたが、しかし幾つもの隙間ができていて、あのヒグマや熊五郎が通り抜けることは可能に思えた。正裕はブロックの上を歩きながら、半ばにさしかかったとき、ブロックの底から聞こえてくる波の音を耳にした。もしブロックの底に波がきているのなら、ヒグマはこの波の中を歩くことで臭いを消したにちがいなかった。

しかし、それにしてもどこに消えたのか。ブロックのむこう端は小さな岬になっていて藪におおわれている。そこは正裕たちがいたところからは死角になっていた。ヒグマは波で痕跡を消し、熊五郎の追跡を断《た》ったあと、死角をついて岬の藪に逃走したのではないか。それともまさか海に入って泳いで逃走したのか。ヒグマの姿が消えた今となっては確かめる術もなかった。

同じヒグマが同じところに出たのは十日ばかり過ぎた日だった。そしてこのままと同じように消波ブロックに潜り込み、逃走したのも同じだった。ちがっていたのは熊五郎が追跡に時間をかけず、潜り込んで五分ばかりで戻ってきたことだった。もう一度追わせようと思ってブロックのところに連れていってもまったく追跡するつもりはないらしく、座り込んだまま動こうとしなかった。どうやら追っても無駄であることを感じとっているようだった。

熊五郎は獲物がいると思われるようなところを歩かせたときでも、途中で中止し、さっさと上ってくることがある。そういう見切りの判断も正確だったから、ブロックに逃げ込んだヒグマの追跡も、それ以上は無理だと判断し、見切ったのかもしれない。

二度あることは三度ある、というがその言葉どおり胸に白い条紋を持つヒグマは同じところに三度出てきたのである。

「懲《こ》りない羆《やつ》だなァ」

正裕は苦笑しながら現場へ走った。今度ばかりは正裕も作戦を考え、仲間を岬のほうで待たせ、自分は道路を越えたほうにある見通しのいい斜面の高見に登って待つことにした。さすがに三度目となると噂も広がっていたのか道路際に車を停めた十数人の見物人《ギャラリー》が集まっていた。

熊五郎を放すとヒグマが消波ブロックに逃げるというパターンはいつもと同じだった。しかし、熊五郎はいつもとちがっていた。どうしたのかヒグマの後を追わず、消波ブロックに沿って岬のほうに走っていくではないか。

「オオッ、ちがうべ。ブロックの中だでや」

「何したのよォ。何処《どこ》さいくのさ!」

「ブロックの中さ入ったって、ホォラ、早く追えッ!」

ギャラリーからさまざまな声が飛ぶ。しかし、熊五郎はそんな声をいっさい無視するように岬のほうへ走っていく。そしてちょうどあの波の音が聞こえるあたりに来たとき、身軽く跳躍し、ブロックの隙間に潜り込んだのである。グァン! と気魄《きはく》の籠った喊声《かんせい》が響いたのはそれからすぐだった。そしてもう一度、グァン! すると何ということかブロックの間隙から抜け出すようにしてあのヒグマが姿を現したではないか。ブロックの上にグイと胸部から上を出し、二、三度あたりを見回した。頭を動かすと、後頭部の黄金色の毛が陽に輝いた。そして胸には白いV字の紋。正裕には堂々としたその姿がよく見えた。

ヒグマは一瞬のうちにブロックを脱け出し、猛然と走って道路を渡り、正裕がいる山の斜面にむかってきた。銃を構えた正裕の目に、ヒグマを追う熊五郎の姿が見えた。引鉄《ひきがね》を絞り、銃音があがると同時にヒグマが斜面を転げ落ちる。間髪入れず熊五郎はヒグマの鼻面《はなづら》に喰らいついていた。何度も欺《あざむ》かれたヒグマに勝利した熊五郎の姿だった。

犬に思索能力や執念といったようなものがあるのかどうかはわからないが、熊五郎の行動は誰の目にも何度か欺かれた熊五郎が、ヒグマのそんな作戦を覆《くつがえ》そうとして考えた末のもののように見えた。

親子羆との闘い

夏が終わるころになると、知床の海にはサケやカラフトマスが群来《くき》る。数年にわたる大洋の旅を終え、生まれた川をめざして産卵に帰ってきた魚たちである。

カラフトマスの回帰はサケよりひと足早く、八月末になると川を遡《さかのぼ》るその姿を見ることができる。もっともこの魚たちの大半は川に入る前に、海に仕掛けられた定置網や刺網《さしあみ》で漁獲されるが、その網をかいくぐってうまく川に入ったとしても魚止め柵《ウライ》で捕獲されることになる。しかし、大水が出たときには魚はこのウライを越えて上流へむかうし、ウライがない川では川が狭く、浅瀬になるような上流部にまで溯るのである。そしてそれは山に棲《す》むヒグマたちにとっては上等の御馳走となる。

川を溯ってくる魚だけでは満足せず、海岸にある番屋を狙うしたたかな羆もいる。正裕が駆除要請を受けたのもそんなヒグマだった。場所は知床半島羅臼側の陸路が行き止まりになる相泊《あいどまり》の番屋だった。番屋の倉庫の中にある塩蔵のマスを喰い荒らすというのである。しかもどうやら親子グマらしいのである。子を連れたヒグマは子供を守ろうとするためではあるが大きな危険を持っている。

正裕は猟友会の仲間の宮腰実を伴い、熊五郎を連れて相泊に走った。

番屋は確かにヒグマに荒らされた跡が歴然としていた。

「いやァ、これはまた、非道《シッド》いワ……」

あまりの荒れようを目にして宮腰が顔を顰《しか》めた。

番屋から山へ、ヒグマが歩いたと思われる踏み跡らしき筋がついていた。ヒグマはこの「道」を歩いているにちがいない。しかし、番屋は海岸にあり、正裕たちがヒグマを待つために身を隠せるようなところはなかった。

「ナカさん、あそこのタイヤショベル、どうだい？」

宮腰がいった。番屋に身を潜《ひそ》めることも考えたが、海岸に置いてあるタイヤショベルなら、出没したヒグマをすぐに発見できるし、飛び出すにも都合がいい。正裕たちはショベルに身を隠して待つことにした。

しかし、ヒグマは現れなかった。いや、どこかでこちらの様子をうかがっていたのか、正裕たちが引きあげるとそれを見透かしたように出没するのである。

「やっぱり、番屋の中で待つしかないナ」

正裕がいった。

「したって、番屋の中さいてもクマが出て来てもわかンねべ……」

「いや、入口のトタンに発信機つければいいんだ。反応したらすぐに熊五郎をかける」

「ヨシ、わかった。やってみるかい」

予想はドンピシャリだった。ヒグマは午後二時すぎになって、何の警戒もすることなく出てきたのである。

すぐに熊五郎が走り出し、正裕と宮腰が続いた。熊五郎が頭を低くしてグァン！と吠えた。五、六十キロほどの子グマを連れたヒグマだった。

親グマは仕留めたが連続して撃つ余裕がなかったのか、子グマの一頭がハンヤになった。親が斃《たお》れると同時に二頭の子グマは山へむけて跳び、逃げた。熊五郎は親グマのノド首に噛《かじ》りつき、留《とど》めのひと噛みを入れたところだったが、正裕たちが子グマを追って走り出すのを見るとヒグマから離れ、山へ駆けた。

正裕の脇を熊五郎が駆け抜けた。点々と血の跡がついているから、一頭はまちがいなくハンヤになっていると思われた。山は樹林に入るとすぐに崖のような急斜面になっていた。正裕たちは手を掛けるところを探りながらその急斜面を登っていたのだが、数メートル上方で激しく獣が格闘する音が聞こえた。まさかこんな急斜面で、とは思ったが、上方に目を向けると熊五郎とヒグマが格闘しているのが見えた。急斜面の途中で熊五郎はヒグマに追いつき、捕えたにちがいなかった。相手はハンヤになったヒグマではなく、無傷の、元気なほうのヒグマだった。

急がなければ、と思って正裕が岩崖の突起に手を掛けたときだった。バリバリ、バシバシと柴を踏み折るような激しい音とともに、正裕のすぐ脇を熊五郎が転げ落ちていった。さらにそのすぐあと、熊五郎を追うようにヒグマが落ちる。

「下だッ！　下、シタッ！」

正裕は大声で宮腰に叫んだ。一見すると熊五郎が斜面を転がり落ち、それをヒグマが追っているように見えたが、実際にはそうではなかった。藪の中での闘いは圧倒的にヒグマに優利なことを知っている熊五郎は崖を駆けおり、ヒグマを藪からひきずり出そうと考えたのだった。そしてその作戦は功を奏したように、思えた。しかし、ヒグマは一旦崖下におりたもののまた再び別の方向に走り出したのである。もちろんその動きを熊五郎が見逃すわけはなく、すぐに追跡をはじめた。

どのぐらい時間が経《た》ったかはわからなかったが、すでに陽が傾きはじめ、森の中には薄明が広がりはじめていた。

「ナカさん、あまり無理せんほうがいいんでないかい？　親も獲ったことだし……やめるべ」

宮腰がいい、正裕もそのとおりだと思った。

正裕たちが後を追ってこないとわかったからか途中で見切りをつけたらしく、しばらくすると熊五郎も戻ってきた。引きあげようとして歩きだしたのだが、どうも熊五郎の様子が妙だった。

「どうした熊五郎……いるのか？」

正裕がいい終わると同時に熊五郎が森へむけて走り出した。正裕もすぐに後を追った。数十メートルは走っただろうか。熊五郎とヒグマが激しく唸《うな》り合い、格闘する騒音が聞こえた。正裕が駆け寄ると大ブキの密生する藪の中で、熊五郎とヒグマが闘っていた。いや、闘っているように見えた、といったほうが正確かもしれない。森の中はすでに暗く、大ブキの藪の中はいっそう暗かったので激しく動く熊五郎の赤茶色の毛がかろうじて判別できるぐらいで、毛色の黒いヒグマの姿は闇に解け込んでまったく見えなかったからである。

しかし、迷っている暇はなかった。正裕は勇気を奮《ふる》い起こして熊五郎のそばに駆け寄った。そしてココ！　というあたりに目星《めぼし》をつけて銃口を向けた。同時に乾いたような銃音が大ブキの藪で裂け、ヒグマの絶叫する吼《ほ》え声が聞こえた。銃身は熊五郎の五十センチばかり左にあり、引鉄《ひきがね》を引いた瞬間、もの凄い爆風が通り抜けたはずだが熊五郎には動じる気配は微塵《みじん》もなく、ヒグマを噛んで放さなかった。

もう一頭はどこへ行ったのか。その姿はまったく見えなかった。もう少しすると完全に夜になり、山には闇が訪れる。時間切れだった。

「たぶん山さ逃げたべ。これだけ仕置きされればもう出て来ンだろうさ」

宮腰がいって山をおりはじめた。

しかし、この話にはまだ続きがある。山へ逃げたはずの残り一頭のヒグマが、日を置かずしてまた同じところに現れ、同じように番屋の倉庫の塩マスを荒らしたのである。

正裕はその日、相泊の港に繋留《けいりゅう》していた自分の船の様子を見に来ていたのだが、どういうことか、このときにヒグマが出てきたのである。

「ク、ク、ク、クマッ！　クマが出たァッ」

岸壁から船に乗り移り、操舵室《そうだしつ》の扉を開けたとき、正裕は番屋の賄婦が絶叫する声を聞いた。あわてて船を飛び出し、どこで見たのか訊《き》いてみると、すぐそばにある漁港の駐車場にいたという。銃を携行していればすぐに行くところだが、そのときは猟期でもなく、船の様子を見に来ていただけだから素手《すで》で向かうわけにいかなかった。それに家に銃をとりに帰っている時間もない。正裕は猟友会の仲間に無線連絡をとり、応援を要請した。

「とにかく熊五郎をかける。ヒグマは留めさせておくからすぐに来てくれ！」

無線交信が終ると、正裕は熊五郎を放した。熊五郎はすでにヒグマの存在を察知していたのか、駐車場を横切り、道路脇で立ち止まった。同時に車の陰からヒグマが飛び出してきた。瞬間、熊五郎が颯《さっ》と前身を沈める。熊五郎とヒグマが対峙する距離は一メートルそこそこだった。熊五郎が眉間に深い皺《しわ》を寄せ、グォン！　と鋭く一喝《いっかつ》すると同時にヒグマが道路側へ跳び、そのまま山へむかった。熊五郎も追走する。

ヒグマがむかったのはまたあの急斜面だった。どうやらそれがヒグマの通り道になっているようだった。

駆けつけた猟友会の仲間と正裕が熊五郎の後を追おうとしたとき、藪の中から熊五郎が出てきた。

「あらら、逃げられたのかい?」

そういう仲間の言葉を無視するように熊五郎は藪の入口で止まり、行クベ、急ゲ！ というように顎《あご》を振り、再び藪に入っていく。ついていくと熊五郎は斜面の上方を見上げ、アソコサイル！ というように正裕を見た。斜面の上のほうにオーバーハングしたところがあり、ヒグマはそこで立往生《たちおうじょう》していた。熊五郎はそこにヒグマを追い詰め、留めたあと正裕たちを迎えにきたのだった。これもまた先日逃がれられてしまったくやしさの中で学習したものだったのかもしれない。

市街地のヒグマ

残雪の残る羅臼。単身で熊を追跡し山に入ったハンターが夜になっても戻らない。

翌日、消防団員やハンター仲間などで捜索隊が編成され山に入る。急斜面を登り降りしながら、あたり一面血で染まった小川近くの現場を発見。そこは人と熊の足跡だらけであった。

だが肝心のハンター本人を見つけることが出来ず捜索初日を断念。

翌日、その近くの川底から遺体が発見され、左前頭部に致命傷と思われるいたいたしい傷が残っていた。


これは羅臼町の発行する広報誌に掲載された記事だが、実際に起こった事故の一例だという。北海道では一九九〇（平成二）年に春熊の駆除が廃止になり、道は一九九六（平成八）年には「道民共通の財産として絶滅を防ぐ」という共生の姿勢を打ち出した。

羅臼でも出没即射殺ということではなく、先に書いた奥山放獣や威嚇弾《いかくだん》による追い払い、電気柵の設置などの駆除方法が実施され、共生が模索されているがそれでもなおヒグマによる被害は減ることがない。人間とヒグマの生活圏が隣接するという地域的な特性もある、ということなのだろうか。

時には町の真中といっていいようなところに出没するヒグマもいる。

初夏のころだった。羅臼川でオショロコマを釣っていた地元の少年二人が、川の中を歩いているヒグマを発見した。両岸に住宅が軒を並べる町の中ながら、こんなところでイワナの仲間であるオショロコマが釣れたりヒグマが出没するのも羅臼という土地の地域性かもしれない。

驚いた少年二人は川からあがり、すぐ近くにあった警察に通報した。正裕も連絡を受け、ヒグマが出没しているところからいちばん近くにある熊越橋《くまごえばし》に駆けつけた。現場には警察をはじめ役場の職員や騒ぎを聞きつけた住民たちが集まっていた。

「何だ、一頭じゃないのか?!」

正裕は橋の上から川の上流を見て叫んだ。親子グマが橋の三百五十メートルほど上流で川の中に入っていた。親グマは二百五十キロ以上はありそうな体つきで、子グマは明け二歳といい、親子離れの時期にきている子グマのように見えた。初夏、六月ごろはヒグマの交尾期である。正裕はその親子を見るとすぐにその近くに雄がいるのではないかと考えて見回した。交尾期のヒグマは神経過敏になってイライラを募《つの》らせ、危険であった。

「これはやっぱり、駆除だナ」

正裕が呟《つぶや》くと、

「したけどダイイチさん、町の中だべ。まずいんでないかい?」

警察署員がいう。

「じゃあどうする？　人が殺《や》られて被害が出るのを待つかい。このままおとなしく山に行くかどうか、オレには責任が持てない！」

正裕は交尾期のうえに親子グマの危険さを思いおこしながら強い口調でいった。町中で銃を放つことが薦《すす》められた行動でないことぐらい正裕は百も承知している。しかし、このまま手をこまねいていると危険な状況になりかねないことはもっとよくわかっていた。熊五郎をかけて追い払わせることも考えたが、親子グマのうえにどこかに雄が潜んでいることを考えるとそれも危険すぎる。とにかく威嚇弾か何かでこの場を追い払い、それからのことは後で考えるしかなかった。

正裕が提案し、威嚇弾を使ってその日はとりあえず危険を回避することができた。

山に追放しただけで危険が回避できるわけではないという正裕の読みは的中した。こともあろうに市街地のすぐそばにあるスキー場に出てきたのである。正裕は熊五郎を連れてすぐさまスキー場に駆けつけた。ヒグマが発見された第一リフトのあたりに行くと、すぐに熊五郎がヒグマの臭いを嗅ぎとり、斜面《スロープ》を下ってスキー場の下方にある小沢のほうに歩きはじめた。まちがいなく臭いを確保した歩き方だった。交尾期のヒグマであることと雄雌両方のヒグマがいることを考えて熊五郎は綱で繋いでいたが、わずか三十キロほどの体のどこにこれほどの力があるのかという凄まじさで牽《ひ》いていいく。

小沢に入って十メートルも歩かないうちに小沢のカーブのむこうから真っ黒い毛でおおわれたヒグマが出てきた。体軀も羅臼川にいたヒグマより大きく、雄だと思われた。正裕は咄嗟《とっさ》に銃を構え、撃った。弾丸は確かにヒグマを射抜いていた。しかし、ヒグマはよろけることも斃れることもなく、颯《さっ》と跳んで薮へ入った。

「効《き》いてないのか?!」

正裕は思うと同時に熊五郎を繋いでいた綱を外した。薮になった斜面を熊五郎が登っていく音が聞こえた。それから数分の後、斜面の上のほうでグァン！　という熊五郎の吠え声を聞き、正裕は斜面を駆け上がろうとした。

と、そのとき正裕の四、五メートル先の沢の中にヒグマが転げ落ちてきたのである。正裕はすぐさま体勢を変え、ヒグマに狙いをつけた。右耳を熊五郎に囓られたのか、血が流れていた。正裕はそれを確認するようにして引鉄を絞った。

裂けるように乾いた銃音が響き、渓間《たにま》に吸い込まれて静寂が訪れたように思えた。しかし銃音が消えるのを待っていたかのように、斜面の上のほうで、嘲笑うようなヒグマの咆哮《ほうこう》がおこった。雌のヒグマであることはまちがいなかった。正裕がその姿を捉えたのとヒグマが身を翻《ひるがえ》して彼方の深い森へ逃げていくのは同時だった。

「ドウスルべ、追ウカイ？」

そんな目をして正裕を見る熊五郎に、

「もういい。無理することないさ」

正裕がいうと、熊五郎は正裕の傍《かたわ》らにゆっくりと腰をおろした。

そんなことがあって二ヶ月ばかり後、松法川《まつのり》近くにある住宅街をヒグマが徘徊しているという情報を受けたのは夏の午後八時ごろのことだった。

正裕は熊五郎を連れて役場の担当職員とともに駆けつけ、調べてみるとまだ排便して間がない糞《ふん》がちらばり、玄関先や庭を漁《あさ》った痕跡が幾つも見つかった。

「こりゃ全員避難させたほうがいいべ。このままでは危なすぎるって……」

役場職員がいったときだった。

「ワッ、羆《クマ》さ出てきだどォ！　川のところにでっかい羆さいるぞッ」

二階から見物していたらしい住人が叫んだ。一頭のヒグマがすぐそばにある川の土堤を上がったというのである。ほとんど全員が車の中や家の中、物陰に飛び込み、避難した。

「まだそのへんにいるかもしれない。気をつけろ！」

正裕が気を引き締めるようにいった。グァオッ、と腹の底を抉《えぐ》るような咆哮がおこったのはそのときだった。その気配を察したのか正裕のすぐうしろに停めてある車に避難していた誰かが、車のヘッドライトを点灯した。今まで暗闇だったところが急に明るくなり、正裕の目が一瞬、眩《くら》んだ。危いッ！　と思ったときにはヒグマが目の前に迫っていた。その距離は五メートルもなかったかもしれない。しっかりと銃を構える間もなかった。そこに熊五郎が飛び出したのである。

猛然と正裕に迫っていたヒグマがハッとしたように勢いを緩《ゆる》めた。正裕は肩に銃《じゅう》床《しょう》を当てる間もないまま、体躯の脇で銃を抱え、引鉄を引いた。いわゆる「腰だめ銃」である。同時にヒグマがワォーンと吼《ほ》え、正裕の足元に斃れ込んできた。ヒグマが斃れる寸前、熊五郎は横に跳び、正裕が留めの一撃を入れると同時にヒグマのノド首に喰らいついた。

正裕は久しぶりに冷や汗をかき、手が小刻みに震えるほどの恐怖を覚えた。自ら危険の前に身を挺《てい》し、生命を賭けた熊五郎の止め技。あのときヒグマに一瞬の怯《ひる》みがなければ、ヒグマの驀進《ばくしん》はとどまっていなかったにちがいない。

ヒグマを撃ち獲《と》ると同時に、電気を消して静まりかえっていた家々に次つぎと灯がつき、どこからともなく拍手がわきおこった。

凄まじき魂

正裕が熊五郎の持つ魂の凄まじさを見せつけられたように思ったのはある年の春、ハンターに追われた大ジカが海岸近くに出てきたときのことだった。羅臼にはまだ堅《かた》雪《ゆき》の残る季節だった。

正裕はたまたま熊五郎を散歩に連れていこうとして車で走っているときだった。山から逃走した大ジカが海岸へむけて走っているという無線を受けたのである。大ジカがむかっていると思われる場所は正裕が走っているすぐ近くであった。銃を取りに戻るか、とも思ったがその余裕はないと考え、

「とりあえずこのあたりで待機して、シカが見えたらすぐに連絡を入れるので駆けつけてほしい」

と無線を入れ、見通しのいいところを選んで車を停めた。熊五郎は指定席である後部シートに座り、ピンと耳を立てて雪に埋もれた海岸に目を向けている。その熊五郎がふと緊張感を漲《みなぎ》らせ、グゥッ！　と唸ったのはしばらくしてからである。

見ると堅雪の山の斜面を海岸に向けて駆けおりてくる大ジカが目に入った。立派な

角を携えた百五十キロはありそうな大ジカだった。正裕がすぐに無線を入れると、ハンターのいるところからはまだ少し距離があるようで、

「ナカさん、クマさ連れてるべや。オレたちが行くまで止めさせておけないべか……」

そんな返事が返ってきた。そんなことができるのかどうか、正裕には自信はなかったが、とにかく熊五郎の運動にでもなれば、と思って放すことにした。熊五郎はたとえ大ジカでも決して深追いすることはなくなっていたから、仮に大ジカが逃走してもほどなく戻ってくるにちがいない。それに正裕が銃を携えていないことがわかっているのか、後部の扉を開け、外に出てもいつものように獲物を見てすぐに走りだす行動には出ず、

「ナニ、行クノカイ？」

という表情で正裕を見るのである。そして正裕がウンと頷《うなず》いたのを見ると、雪を蹴散らせて大ジカにむかっていった。

熊五郎に気づいた大ジカはびっくりしたように一瞬立ち止まり、威嚇するように二本の後ろ肢《あし》で立ち上がって激しく前肢を振り、雪の上を走った。大ジカはそのまま斜面に駆け上がったが熊五郎の足のほうが少しばかり速く、大ジカの前方に回り込んで

グァン！　と吠えた。しかし、大ジカは動じる気配がなく、斜面をひと跳びすると再び海岸へ走った。大ジカには真剣に熊五郎と対決する素振りはなく、雪の中で熊五郎を弄《もてあそ》んでいるようにも見えた。が、それが熊五郎の作戦だったのかもしれない。果てしのないチェイスを続けていくと熊五郎も疲れるのだが、体軀の大きな雄ジカは熊五郎以上に疲れるにちがいない。

「こんな追いかけっこをいつまで続けるつもりなのだろうか……」

正裕が思ったとき、斜面を駆けおりようとする大ジカにむかって熊五郎が、飛んだ。まったく隙がなく、今までに見せたことのないような凄まじい跳躍だった。そして熊五郎が大ジカの背を飛び越えた瞬間、パッと宙に鮮血が飛び、堅雪の上に散った。

「あッ、しまった！」

正裕は叫んだ。熊五郎が大ジカの角にかかったのではないか、と思ったのである。しかし、背中から血飛沫《ちしぶき》をあげているのは大ジカのほうであった。ついに大ジカは斜面をおりたところで止まり、頭を低くして熊五郎にむけて鋭い角を突き出した。が、熊五郎はその動きを読んでいたかのように軽々と躱《かわ》し、前身を沈めた体勢から大ジカの背にむかって大きく跳躍した。また、鮮血が、散った。

そのときにはハンターたちも駆けつけていたが、全員が銃を持っていることも忘れて呆然とその光景に見入っていた。誰も言葉を発する者は、いなかった……。

熊五郎がまだ生まれて間もないころ、生みの親である釘宮正博は、

猟能において、ある程度使いものになる犬として生まれてきたか否かは、人智の及ぶところでなく、神の領域です。

といい、さらに、

私が実行できるのは昔の諺にあるように「瓜《ウリ》の蔓《ツル》に茄子《ナス》は生《ナ》らぬ」といわれるごとく、紀州犬も昔から蔓→つまり系統からいい犬は生まれる、ということで、我が家の素晴らしい系統を上手く保持してゆけば、いつかは先祖返りしたような良い犬ができるものと夢を描いています。それが出現するのは、今回届けた仔犬達かも知れないし、五代あとの犬に出るか、十代あとの犬に出るかは誰も断定できませんが……。

といっている。

神の領域。熊五郎が神の黙示にしたがって鳴滝《なるたき》のイチ、義清の鉄をはじめ紀州の名猟犬といわれた先祖犬たちの遺伝因子を内在してこの世に生まれ出、優れた猟能を開花させたのか、どうかはわからない。そしてそんな熊五郎の生魂《しょうこん》はその子たちに受け継がれていくのか、どうか。熊五郎の子供たちが生まれたのは二〇〇〇（平成十二）年八月一日のことだった。母犬は愛知県一宮市の佐分《さぶり》が作出した舞《まい》号である。雄二頭、雌四頭の六頭の子である。そのうちの雄一頭は正裕が引きとり、熊五郎とともに暮らすことになった。登録犬名「熊一号」、愛称イチである。

イチが熊五郎のように優れた猟能を持つかどうかは未知である。しかし、ひょっとすると熊五郎はイチに猟能があると見抜いたのではないか、と思わせられた「事件」がある。

イチが一歳近くになったある日のことだった。正裕はいつだったか熊五郎に欠けていた追跡能力をつけるための訓練に使ったあのヒグマの毛皮で、イチの反応を試していた。というより、部屋の中で少しばかりからかってみたという程度のことである。

イチは遊んでもらっているとでも思っているのか、正裕が揺らす生皮に飛びつき、前肢で押えようとする。熊五郎はいつものように陽あたりのいいところで腹這いにな

キトピロ（山菜）採りの護衛をすることも

り、午睡《ひるね》を貪っていた。が、イチが毛皮を押えると目を薄く開け、チラリ、と見るのである。正裕はどんな反応を示すか興味を持って、毛皮をイチと熊五郎の真中あたりに投げてみたのである。イチが毛皮に飛びつこうとした瞬間、熊五郎が跳《は》ね起き、毛皮に喰らいついた。一瞬遅れたイチは、クソッ！とばかりに熊五郎が咥《くわ》えた毛皮にとびかかった。

熊五郎が怒って唸るかもしれないと正裕は思ったが、熊五郎は毛皮を咥えた口を何度か左右に振っただけでイチに譲り渡してしまったのである。

「やっぱり親子だナ。子供には怒らないか」

熊五郎が獲った獣に他の犬が割り込んできたときに見せる迫力ある姿を思い起こしながら正裕は思った。

「イチ、この毛皮で父さんに遊んでもらっておけ」

そういって正裕はイチの頭をポンと軽く叩き、事務所でやりかけた仕事があるのを思い出して部屋を出た。

それから一時間ばかり経っただろうか。熊五郎とイチを散歩に連れていこうとして部屋に戻った正裕は、信じられないような光景を目にして立ち竦《すく》んだ。部屋の真中あたりで、熊五郎が血だらけになって体を丸めていたからである。

咄嗟に熊五郎とイチが喧嘩をしたのか、と思った。しかし、熊五郎にとってイチが喧嘩の相手になるはずがないことは考えるまでもない。イチは？　と思って目をやると、小さなぬいぐるみにじゃれつき、無邪気に遊んでいた。しかも体軀のどこにも血が流れているような形跡はなく、まったく無傷のようであった。

「ど、どうした、熊五郎！　何があった」

正裕はそういって熊五郎のそばに行き、具合を調べてみた。熊五郎は首や脚、尻などあちらこちらを噛まれ、血を流していた。致命的な傷はなかったものの、どれもが小さな牙にかけられた傷跡だった。イチの牙にちがいなかった。

「熊五郎、おまえ……」

正裕がいうと、

「ナニ、ナンデモナイイサ、心配イラネ」

そんなことを呟くような目で正裕を見た。

熊五郎はイチに自らの体で猟を教えようとしたのにちがいなかった。誰が考えてもまだ一歳そこそこのイチに熊五郎が負けるわけはなかった。本気を出せばひと嚙みでイチを斃すことぐらい熊五郎には何でもなかったにちがいない。しかし、熊五郎はそうはしなかったのである。

熊五郎が自らの体軀を張って「訓練」をし、イチが熊五郎を傷だらけにしたとはいってもそれが熊五郎のような優れた猟能を見せたことになるのかどうかは未知であった。

イチがこれからどんな犬に成長していくのか、それはわからない。親犬の熊五郎が、全身傷だらけになりながら伝えようとしたものが何だったのかを、イチが悟《さと》るときがくるのかどうかも神の領域である。しかし、熊五郎にそんなことをさせたのは、紀州名犬の生き残った血のなせることだったのではあるまいか。

実際のヒグマとの闘いなどからすると、小さな事件だったのかもしれない。しかしそれは「猟とはこういうものだ、オレたちの闘いはこうやるのだ」ということを自らで考え、実猟を積み重ねながら猟技《りょうぎ》を体得してきた熊五郎が見せた凄まじき魂の具現ではなかったのだろうか……。

第七章　地の涯に生きる……

寒い朝だった。

私は熊五郎を連れて山を歩いていた。私が熊五郎を連れて歩くというより、私が熊五郎に連れられて歩いていたといったほうがいいかもしれない。熊五郎は耳をピンと立て、まっすぐ正面に目線を向けて力強く綱を牽《ひ》いてゆく。思わず立ち止まってしまいそうな難所にさしかかっても熊五郎は一瞬も躊躇《ためら》うことなく、ルートを心得ているような足取りで歩いていく。気がつくと歩き抜けたところは難所の中で最も歩きやすいところだったことがわかった。それは熊五郎の犬としての本能といっていい。熊五郎にしてみれば驚くに足るほどのことではないのかもしれない。たったそれだけのことなのかもしれないが、しかし、私の中では熊五郎に対する信頼の石積みがまたひとつ、深まるのだった。

私の知り合いに「犬は嫌いだ」という人がいて、その理由を聞いてみると、子供のころ犬に吠えられて恐い思いをしたことがあるから、ということだった。たしかに犬は、吠える、嚙みつく、というイメージがある。犬が吠えたり嚙みついたりするのはある意味で犬が本来持っている特性といっていいかもしれない。そしてヒトは犬のそんな特性をうまく利用してきたともいえる。

犬が吠えつくのは警戒心からだと思うが、怪しいと感じたものに吠えることで「番犬」の役割を果たすことができるのである。犬が吠えかかり、威嚇《いかく》してくる姿にはヒトに恐怖心を抱かせるほどの威圧感がある。私も犬というのはそんなものだという思いを持っていたが、熊五郎という紀州犬を知ったことでそんなイメージは覆《くつがえ》されてしまったのだった。単純に温和《おとな》しいだけの犬ならこの地球上にごまんといるはずだし、特別珍しくもないだろう。熊五郎には圧迫してくるような威圧感がないのである。凜《りん》とした雰囲気を漂わせるその姿には並外れた風格があふれているのだが、吠えつくのではないか、噛みつくのではないかと感じさせる強迫感が、まったくといっていいほどないのである。しかもそれが大エゾシカや体重三百キロものヒグマと怯《ひる》むことなく闘う犬だと知ると、ますますこの穏やかさは何なのだろうと思ってしまうのだった。

人類が最も早く家畜化した動物は犬だったのだという。犬が人と最も早くつきあえるようになったのは犬の人間に対する服従心というか、信頼関係を築けていける本質的な特性を持っていたからかもしれない。

しかし、どの犬もすべて人間に対して友好的であるとは限らない。人間に対して信頼感を持てなくなった犬が、人間に猜疑心《さいぎしん》を持ち、警戒心を抱くようになるのはもっとものことでもあるだろう。日本犬は社交性に欠け、飼い主以外には慣れにくい特性を持っているといわれる。ただ、それは日本犬が排他的で主人以外の人間とは信頼関係を築かないというわけではない。人と犬がどんな信頼関係を築いていくかというのには、その環境や接し方などさまざまな日常の背景で大きなちがいがでてくるのではないかと私は思う。

人に捨てられた野良犬の話やペット虐待の話を耳にすることがある。猟期が終われば山に置き去りにされ、野犬化した犬の話が社会問題化したこともある。自分に愛情がなくなったり必要がなくなったりしたからといって廃棄するのは人間の都合であり、身勝手である。そしてそれは信頼関係の欠如である。盲導犬であれ介護犬であれ、その支えになるのは人間との信頼関係である。特にヒグマなどと間近《まぢか》で接することを余儀なくされる猟犬にとっては一歩まちがえば命にかかわるのだから狩人である人間との信頼関係が最優先されるといってもいい。熊五郎の飼い主である正裕と熊五郎の接し方を見ていて、私はそこに築かれた信頼関係の深さをつくづく感じさせられるのだった。それはある意味で主従の関係が非常に稀薄な一面を持つということでもあるのかもしれない。

正裕は熊五郎に対してほとんど何もといっていいぐらい猟の訓練をしたことがない。熊五郎以外にこれまで飼ってきた犬たちもそうだったのだが、それはそれぞれの犬たちが持って生まれた能力にまかすという正裕の姿勢でもあるのだろう。ヒグマと闘うほどの猟能を持たない犬にその訓練をかけるのは犬にしてみれば想像以上に過酷である。しかし、猟ができない、あるいは優れた猟能がないからといって決してその犬を邪険《じゃけん》にすることはない。正裕にしてみれば優秀な猟犬に育ってくれればベストにちがいないのだが強制はしないのである。犬をただ自由にさせるというのではなく、じっと見つめる心の目がそうさせるのである。そしてそれは太古の時代、人がイヌとつきあいはじめたころの姿、あるいは原初の人と犬との関係に似ているのかもしれない。

散歩に出ても熊五郎が満喫して戻ってくるまで自由にさせ、気長く待つ。人は犬にお手やお座り、伏せ、待て、などさまざまな躾《しつけ》を教え込む。そして犬はそれを忠実に守るというのが普通である、と私たちは思っている。しかし、熊五郎を見ていると、それが本当の姿なのだろうかとさえ思えてくるのである。正裕と熊五郎が対等の関係にあるといってしまっていいのかどうかはわからない。しかし、人間に都合のいいように躾を教え、過酷な猟訓練をつけて人間主体の暮らしに無理に引き入れることはない。

山に入ったときの熊五郎を見ているとよくわかるのだが、熊五郎はほとんど自分の意志で行動しているのである。人に人格があるのと同じようなものが犬にもあるのかどうかはわからないが、熊五郎を見ていると確たる自分の意志を持って行動しているように見えるのである。正裕もよほどの危険なことがないかぎり、拘束したり強制したりせず、熊五郎の自由意志にまかせている。子供のころは散歩に連れていくと鉄砲玉のように飛び出し、何時間も帰ってこなかったというが、三歳になるころからは排便と適当なウォーミングアップをすませるとさっさと戻ってくるようになったという。

いつだったか熊五郎の息子のイチとともに散歩に出たことがあったが、イチは駆けて山に姿を消し、四時間以上も帰ってこなかったのに熊五郎は一時間ばかりして戻って来、「オ父《ト》サン、モウイイワ、車ニ入レテ」という顔をしてシートに戻り、気長くイチが帰ってくるまで待っていたのである。

しかし、それは熊五郎がただ温和しく、人間に服する犬だということにはならない。たまたま熊五郎の指定席である車の後部シートに乗ってきてドカリと座っていたりすると、

「ココハ俺ノ席ダベ。モウチョット遠慮シテ座ンナサイ」

とでもいうようにガシリと肩を押しつけ、無言の圧力をかけたりするのである。あ

とで聞いてみるとその力は熊五郎の体軀《たいく》からは想像できないほどの強い力だったということだった。そんな姿に接していると、熊五郎には自分の意志があり、自分の頭で考えて行動しているとしか思えなくなってくるのである。

猟犬としての血、あるいは優れた猟能は先祖犬から受け継いだものだとは思うが、何の訓練もされず、祖犬にもなかったエゾシカやヒグマとの闘いを体得したのは熊五郎が経験を積みながら自分の頭で考え、自分の意志で行動してきた結果なのではないだろうか。いつだったか正裕が、

「熊五郎は家族、仲間……」

といったことがある。そして熊五郎と暮らしていると教えられることも多い、という。その視線には犬は人間に隷属《れいぞく》するものではなく、対等の関係である姿勢を感じさせられる。その姿勢は熊五郎に対してだけでなく、熊五郎の息子のイチに対しても同じである。しかし、熊五郎の生みの親であり、紀州犬研究家の釘宮正博がいうように、先祖犬の中にいかに優れた猟能を持った犬がいようと、その血を受け継ぐ犬がいつの時代に現出するかは神の領域の話である。熊五郎はまちがいなく先祖犬の優れた能力を受け継いで生まれてきたと思われるが、さらに加えていうと日本の最果て、羅臼という土地で暮らすことで地の涯《はて》に生きる猟犬としての歴史を新たに刻み込んだ犬にな

ったのではあるまいか。かつて日本各地にそれぞれの土地に適した「地の犬」がいたように、地の涯に生きる「地の犬」が新たに誕生した、というのは過言だろうか。そしてイチをはじめ、熊五郎の子供たちもまた、そうした地の涯の犬の血を受け継ぎ、いつの時代にか熊五郎を髣髴《ほうふつ》とさせるような犬を誕生させるのだろうか。

初春のある晴れた日の朝。白銀に輝く雪の斜面を熊五郎とイチが登り、穏やかにそれを見守る正裕の姿が、あった。

エピローグ

もうそろそろ退《ひ》かせどきかな……。正裕がそう思うようになったのは、熊五郎が十一歳になったころだった。いざ出猟となると覇気を漲らせ、自らが先頭にたって出かける仕草をみせていたのに、ふっとひと息間をおいて動きだすようになっていた。

そんな熊五郎の様子に気がついたとき、正裕は熊五郎の息子のイチが猟経験を経るごとに逞《たくま》しくなり、熊五郎に挑戦でもするように活発な動きをするようになったので、熊五郎が闘いの先頭をイチにまかせるようにしているのかと思った。しかし、日々そんな姿を見ていると、それは熊五郎が老いてきているからだと思えるのだった。

若いころの熊五郎には燃えるような覇気、漲る気力があった。目を見張りたくなるほどの凄さがあった。いつだったか私が羅臼に滞在し、熊五郎とイチを散歩に連れていったとき、川畔の草原にデンと居座り、悠々と草を食《は》んでいる大ジカと遭遇したことがある。立派な角を持った大ジカだった。シカを見つけたイチは即戦闘の構えに入り、綱《リード》を持つ者を引きずるほどの意気込みである。が、熊五郎は余裕の表情でちょいと私を振り返り、

「サテ、ドウスルべ？」

と伺うのである。

「散歩中だからネ、放っておこうか……」

私がいうと、

「ソダネー、散歩ダモノナ」

納得したように歩き出した。シカには何の興味もないとでもいうように、チラリとも目を向けなかった。

ところが小一時間散歩して戻ってきてみると、何ということかあの大ジカがまだ悠然と草を食んでいるではないか。イチは再び猛然と挑みかかろうとするのだが、大ジカはビクリとも動かないのである。熊五郎は一旦知らんふりして通り過ぎたのだが、二、三歩進んだところでふと立ち止まり、体を返して後戻りした。そして体を大ジカに向けると全身で意気込むように気力を漲らせ、大ジカを睨みつけたのである。その瞬間、大ジカは飛びあがり、全速力で駆けだして山へ逃げていったのである。吠えも唸りもしなかったが、大ジカが震えあがるほどの迫力は、綱を持つ私にも確実に伝わってきた。

眼力というか、胆力というか……。働き盛りの熊五郎はそれほどの威厳を持っていたのである。

「熊五郎は来なくていい。家で待ってろ」

正裕がいいきかすこともあった。歳をとってからは猟に出ても足腰が弱くなったのか、以前のように執拗にエゾシカを追うことができなくなっていた。そんな姿を見ながら、正裕は熊五郎の引退を意識するようになっていた。その動きで猟に出ることの危うさを知っていたからである。

体軀を引きずってでも猟に出ようとするのは猟犬として紀州名犬の血を受け継いだ熊五郎の本能かもしれなかったが、しかしそれは同時に闘い破れて命を落とす危険をもはらんでいるのである。正裕が家で待機するようにいいきかせたのもそんな危うさを知っていたからだった。猟に出ていた終盤のころ、エゾシカやヒグマに直接かからせず、撃ち獲ったことを確認する仕事をさせたのもそんな懸念があったからだった。

熊五郎が老いてゆく一方で、息子のイチは猟経験を積むにしたがって、みごとな猟をするようになっていた。さすがに最強のヒグマにはまだまともに立ち向かうことができなかったが、暫くの間、その場に止めることはできるようになっていた。そしてエゾシカの猟でもむやみに追ったり闘ったりするのではなく、巧みな猟術をみせるのである。訓練ではなく、実際に猟経験を積むことで巧者になっていくのは熊五郎の系統の血といっていいのではあるまいか。

イチは一九九八（平成十）年の生まれだが親父の熊五郎と同じように、三歳のころから実猟をこなせるようになっていた。イチの体形は熊五郎のように筋骨逞しいガッチリ体形ではなく、脚の長いシカ猟向きの体形であった。それだけにシカ猟となると他犬の追随を許さないほどの巧みな猟をしてみせるのであった。若者となったイチは猟に出るのが楽しくてしかたないようによく動いた。

イチを伴って猟に出、エゾシカやヒグマを仕留めて帰ってくると、家では熊五郎が待っている。そして収穫したエゾシカやヒグマを解体小屋に運び込むと、いつの間にか熊五郎もやってきている。イチは熊五郎が来たのを察すると、

「オトサン、イイヨ。ヤリナサイ……」

というように素早く小屋の傍に寄り、熊五郎を獲物のところに行かせるのだった。ヨタヨタと危う気な歩きようではあったが、熊五郎は獲物のところに着くと確実にとどめを刺すように急所を嚙むのだった。殊にヒグマを嚙むときなどは若いころの熊五郎を彷彿とさせるような嚙み方だった。しかし十三歳になるころには獲物を持ち帰っても解体小屋に出てくることは希になっていた。

二〇〇八（平成二十）年七月十六日の朝、いつものように朝食をとった熊五郎が珍しいことに少し口にしただけで反吐していた。

「どうした、具合が悪いのか？」
正裕が訊くと、フッと吐息をもらして伏せるのである。そしてその夜、正裕は同室で寝ている熊五郎が、何やら溜息とも呻きともつかない短い声をもらしたように思った。その時はまさかそれが熊五郎の臨終《いまわ》の声とは思いもしなかった。翌朝目覚めると同室で寝ているはずの熊五郎の姿が見えなかった。正裕は部屋を出て、居間で伏せている熊五郎を見つけた。それが熊五郎が十三年生きてきた終焉の姿だった。静謐で臨終の姿にも威厳を感じさせる空気が漂っていた……。

熊五郎が逝ったとき、イチは十歳になっていた。まだ老年というほどではなかったが、熊五郎の血を持つ後継を手に入れたいところであった。熊五郎の孫犬にあたるゲン太が生まれたのはそんなときだった。二〇一〇（平成二十二）年九月二十九日の生まれで、登録犬名を「玄太号」という。体形は熊五郎のようなガッチリ型ではなく、イチ同様に脚の長い体形である。

ゲン太も熊五郎系の血を受け継いでいるからか、三歳になったころには果敢に猟をするようになっていた。しかも三歳のとき、ヒグマにもかかる猟能である。といっても熊五郎のように完璧な闘いというより、ヒグマを動かさない留め芸である。

「熊五郎のように何時間もヒグマと対決するということはなく、留める時間も長くはないのだが、ヒグマにかかることがわかったのは大きいネ」

と正裕はいう。ヒグマに対してはともかく、ゲン太は三歳のころにはすでにハンヤ(手負いの獣)のエゾシカに挑み、嚙み殺すほどの猟術をみせたのである。若い、ということもあるのだろうが、一旦猟に出てエゾシカやヒグマを見つけると飽きることなく延々と追い続けるのである。

「ただ、やっぱり若くても疲れるんだろう、家に帰ったら二日間ぐらいブッ倒れたまま寝続けてるけどネ」

といって正裕は笑う。ブッ倒れて昏睡するほどの体力と精神力を使っているのだろう。

無闇に吠えることなく、他犬にかからないのはゲン太も熊五郎の血を受け継いでいる証だろう。このゲン太が生まれて三年後、イチは二〇一三(平成二十五)年に逝去した。

熊五郎一家のルーツは紀州の山々で猪と闘った名犬である。その血がエゾシカやヒグマを斃す最果ての地《ぢ》の犬として生きる……。

天空海闊。

永遠なる、想い……。

ヤマケイ文庫版のためのあとがき

ものを書く仕事をしていて幸運を実感するのは、これは書いてみたいという主題《テーマ》に出会えたときである。そんな幸運を求めながら私は作品を書いてきたが、熊五郎との出会いは強烈に執筆心を惹きおこされるものだった。本来は猪と闘う犬とされる紀州犬が、羅臼という北の最果てでヒグマやエゾシカを斃すのである。そんな熊五郎と飼い主である中川正裕さんの物語を書いてみたいと思ったのである。

本書は『紀州犬　生き残った名犬の血』と題して光文社新書（光文社刊）で刊行したものだが、熊五郎と中川さんの物語を主題にしたいという強烈な想いから『紀州犬熊五郎物語』と改題して刊行することにした。

中川さんとは一九八三（昭和五十八）年にトド猟の取材で羅臼を訪れて以来のつきあいで、以前飼われていた犬たちにも会ったことがある。中川さんから電話で熊五郎の話を聞いたのは一九九七（平成九）年ごろだったと思う。熊五郎が紀州犬だということでいっそうの好奇心を持ったのは、私もかって雑種ながら紀州犬を飼っていたからかもしれない。

「やっと羆《くま》にかかるようになったんだ。一度遊びに来て山に一緒に行ってみるといいサ」

　中川さんにいわれ、熊五郎に会いに羅臼を訪ねたのである。初めて出会った熊五郎は昔から知り合いだったかのように愛想よく、尻尾を振って、

「ヤア、ドモドモ、ヨク来テクレタサ」

　二〇一三（平成二十五）年秋のころだった。三歳になったばかりの若者ゲン太は、文字通り元気溌剌で、ヤンチャ坊主そのものだった。

「ゲン太もやっと羆にかかるようになったんだ。まだ留めるぐらいだけどネ」

　という中川さんの言葉には熊五郎の血を継ぐ犬に対する深い信頼を感じさせる響きがあった。羅臼滞在のある日、二百キロのヒグマが獲れたことがあった。この時、解体場にいたイチとゲン太がそろって羆皮の臭いを嗅ぎ、とめを確認するのだった。ヒグマの臭いを嗅いだだけで逃げ出す犬も珍しくないのに、その姿は悠然としていてさすがは熊五郎一家と思わせる凄さがあった。

　その後、イチ亡きあともゲン太はますます巧みに猟をこなすようになり、猟術を磨いてきた。私が久しぶりにゲン太に再会したのは二〇一八（平成三十）年の春、奇しくも戌年のことだった。ゲン太はすっかりヤンチャ気が消え、逞しい大人の風格になっていた。落ち着き、威風堂々とした成長ぶりだった。出会いのあいさつはやはり熊

五郎の血なのか頗《すこぶ》る愛想がいいのだが、若さゆえかシャイで必要以上の愛想をふりまくことはなかった。

顔を擦り寄せてくるゲン太に、

「キミもヒグマを斃すんだネ。やるネ！」

というと、中川さんが、

「ホラ、これだヨ」

といって一枚の写真を見せてくれた。ゲン太が自分より数倍大きなヒグマに嚙みつき、斃した写真だった。逞しく、頼母しい姿で、私はふとゲン太に熊五郎の面影を見たように思い、胸が熱くなってしまった。

もの書きとして執筆したい主題に出会えた至福。それも私の心の故郷《ふるさと》としている羅臼で出会った至福である。その至福を賜ってくれた中川正裕さん、熊五郎に感謝多謝！

遥かなる最果て。

羅臼に、生きる……。

平成三十年四月　尾鷲にて　甲斐崎 圭

＊本作品は、二〇〇二年に光文社新書『紀州犬　生き残った名犬の血』として刊行されたものを改題し、一部加筆・訂正したうえで文庫化したものです。
＊記述内容は当時のもので、現在とは異なる場合があります。

参考文献

『犬の日本史』谷口研語著（ＰＨＰ新書）
『北方動物誌』犬飼哲夫著（北苑社）
『わが動物記』犬飼哲夫著（暮しの手帖社）
『熊・クマ・羆』林克巳著（時事通信社、十勝毎日新聞社編）
『エゾヒグマ』北大ヒグマ研究グループ著（汐文社）
『動物たちの超感覚』ザヤンチコフスキー著・金光不二夫訳（東京図書）

甲斐崎圭（かいざきけい）
一九四九年島根県生まれ。近畿大学法学部卒。学生時代に文芸誌の新人賞に入選。以後、作家活動を開始。一年の大半を山や海などのフィールドで取材。フィクション、ノンフィクションともに山暮らしの人々や海に生きる人々を訪ね、自然や山とのかかわりをテーマにした作品が多い。著書に『豪快！　野生を喰らう』『山人たちの賦』『第十四世マタギ』『漁師料理探訪』『海を喰らう　山を喰らう』などがある。

装画＝北村公司　カバーデザイン＝松澤政昭　本文ＤＴＰ＝千秋社
校正＝鳥光信子　編集＝稲葉　豊（山と溪谷社）

紀州犬　熊五郎物語

二〇一八年七月一日　初版第一刷発行

著　者　甲斐崎圭

発行人　川崎深雪
発行所　株式会社　山と溪谷社
郵便番号　一〇一―〇〇五一
東京都千代田区神田神保町一丁目一〇五番地
http://www.yamakei.co.jp/

■乱丁・落丁のお問合せ先
山と溪谷社自動応答サービス　電話〇三―六八三七―五〇一八
受付時間／十時～十二時、十三時～十七時三十分（土日、祝祭日を除く）
■内容に関するお問合せ先
山と溪谷社　電話〇三―六七四四―一九〇〇（代表）
■書店・取次様からのお問合せ先
山と溪谷社受注センター　電話〇三―六七四四―一九一九
ファクス〇三―六七四四―一九二七

フォーマット・デザイン　岡本一宣デザイン事務所
印刷・製本　株式会社暁印刷
定価はカバーに表示してあります

Printed in Japan ISBN978-4-635-04847-7

ヤマケイ文庫ラインナップ

新編 単独行
新編 風雪のビヴァーク
ミニヤコンカ奇跡の生還
垂直の記憶
残された山靴
梅里雪山 十七人の友を探して
ナンガ・パルバート単独行
わが愛する山々
星と嵐 6つの北壁登行
空飛ぶ山岳救助隊
私の南アルプス
生還 山岳捜査官・釜谷亮二
【覆刻】山と溪谷
山と溪谷 田部重治選集
山なんて嫌いだった
タベイさん、頂上だよ
ドキュメント 生還
日本人の冒険と「創造的な登山」
処女峰アンナプルナ
新田次郎 山の歳時記
ソロ 単独登攀者・山野井泰史
トムラウシ山遭難はなぜ起きたのか
凍る体 低体温症の恐怖
狼は帰らず
マッターホルン北壁
単独行者《アラインゲンガー》 新・加藤文太郎伝 上／下
大人の男のこだわり野遊び術
空へ 悪夢のエヴェレスト
ドキュメント 気象遭難
ドキュメント 滑落遭難
ドキュメント 道迷い遭難
ドキュメント 雪崩遭難
ドキュメント 単独行遭難
K2に憑かれた男たち
「槍・穂高」名峰誕生のミステリー
大イワナの滝壺
第十四世マタギ
山人たちの賦
紀州犬 熊五郎物語
深田久弥選集 百名山紀行 上／下
山釣り
怪魚ハンター
溪語り・山語り
新編 底なし淵
新編 溪流物語
アウトドア・ものローグ
山女魚里の釣り
マタギ
野性伝説 羆風／飴色角と三本指
野性伝説 爪王／北へ帰る